엄마는 아이의
마음주치의

김선현 교수의 그림으로 아이 심리 읽기

엄마는 아이의
마음주치의

김선현 지음

중앙books
JoongAng Ilbo

엄마의 답답한 마음을
시원하게 뚫어주는 책

엄마의 최대 소망은 아이의 마음을 제대로 알았으면 하는 것이리라. 아이는 멀쩡히 놀다가도 갑자기 눈물을 뚝뚝 떨어뜨리는가 하면, 식탁 밑에 들어가 꼼짝도 않고 몇 분이고 숨어 있곤 한다. 주변을 둘러봐도 아이가 울거나 숨어 있게 할 만한 방해물이 분명 없다. 제풀에 기분 좋아진 아이에게 물어보면 '갑자기 슬펐던 생각이 떠올라서' 그랬단다. 이럴 때 아이가 마음속에서 외치는 소리를 들을 수 있는 청진기가 있다면 얼마나 좋겠는가! 이 책의 저자 김선현 교수는 그림은 아이 마음의 소리를 들을 수 있는 청진기라고 알려준다.

  아이들은 다행히도 그림 그리는 것을 즐긴다. 자신의 생각을 언어로 명확하게 전달할 수 있게 되기 전까지, 아이들은 온몸으로 하고 싶은 말을 토해낸다. 영아기에는 트인 공간을 도화지 삼아 팔다리를 버둥대고

온몸을 움직여 생각과 감정을 그려낸다. 크레파스를 쥘 수 있는 시기가
되면 실제 도화지 크기에 맞춰 자유롭게 선을 그리고 모양을 만들어내
며 색을 칠한다. 입을 씰룩이면서 거침없이 그리곤 한다. 아이의 마음에
형식이란 없다. 오직 내용만이 있을 뿐이다. 마음의 소리를 그림이라는
청진기를 통해 들어달라고 한다.

중요한 것은 엄마가 마음을 열고 아이 마음의 소리를 듣고 공감하는
것이다. 그러려면 아이가 그림 그리기에 좋은 편안하고 자유로운 분위
기를 조성해주어야 한다. 처음에는 아이의 마음 상태를 알아보고자 하
겠지만, 어느덧 마음을 다양하게 표현하는 창의적 능력을 발견하게 될
것이다.

김선현 교수가 알려주듯, 그림 그리기는 아이의 우뇌를 발달시켜
21세기 융합형 인재로 키우는 좋은 교육방법이 될 수 있다. 이 책은 유
아동기 아이들이 그림으로 표현한 미술치료 사례를 제시함으로써, 엄마
의 답답한 마음을 시원하게 뚫어주고 있다.

한국유아교육협회장·중앙대 유아교육학과 교수
박찬옥

머리말

한 장의 그림에 담긴
아이의 마음을 읽어주세요

지금이 가장 힘들 때다. 자녀를 둔 엄마라면 말이다.

"일하면서 아이 키우고 어떻게 다 하셨어요?"

워킹맘과 제자들에게 가장 많이 받는 질문이다. 그런 질문을 받으면 나는 아이들의 유아기, 아동기가 지나갔다는 것에 대해 안도감이 들면서 그때 일이 몸과 마음으로 전해진다. 다시 그때로 돌아간 듯 묘한 시간 이동의 감정을 느낀다.

결혼하고 아이를 낳은 후 일과 육아를 병행하기란 내게도 쉬운 일이 아니었다. 그러나 돌이켜보면 너무 힘들어서 아이들이 빨리 자라기만을 바라던 그 시간 동안 아이들뿐 아니라 나도 성장했고 인생의 깊이를 알게 되었다.

미술치료와 미술교육을 통해 막연하게 알고 있던 양육 이론은 실제와 차이가 나는 부분도 있었다. 하지만 엄마로서 아이들과 함께한 체험 덕분에 그 차이를 메워나갈 수 있었다. 더없이 감사한 일이다.

나는 일하고 공부하고 아이를 키우면서 있는 힘을 다해 살았다. 그때의 소원은 아무도 없는 곳에 가서 잠만 실컷 자는 것이었다. 친정에 가는 날이면 친정 부모님께 아이를 맡겨두고 먹고 잠만 잤다. 학위 논문을 쓸 때는 아이를 친정에 한 달 이상 떨어뜨려 놓기도 했다.

공부를 하면서 아이를 양육하다 보니 에피소드도 많다. 석사 공부 때 학교에서 수업시간에 책가방을 열었더니 책은 온데간데없고 고구마, 아기 기저귀 등만 들어 있었다. 당시 아들은 가방에 물건을 넣고 메고 다니던 시기였다. 내 가방에도 자기의 물건을 넣어둔 것이다. 울컥 울음이 목까지 차올랐다. 자녀 양육과 일을 함께 하는 것이 얼마나 어렵고 힘든지 실감한 일화다.

엄마가 늦게 오는 날이면 아이는 아빠랑 놀다가 방바닥에 그냥 잠들어 있었다. 남편은 두 아이의 목욕을 신생아부터 청소년 시기까지 전담해주었다.

유치원에 들어가니 힘들고, 초등학교 들어가니 더 힘들고, 중·고등학교 가니 또 다른 문제로 힘들 수밖에 없었다. 그래서 자녀 양육은 끝이 없다고 했던가. 그런데 이제 시간이 지나고 훌쩍 커 버린 아이들을 볼 때면 내 옆에 있어 주어서 고맙다는 생각이 먼저 든다. 아이들이 있어서 힘을 내서 더욱 열심히 살았던 것 같다.

워킹맘은 직장 일로 분주하고 전업맘은 전업맘대로 힘든 하루를 보내고 있다. 아이에게 모든 에너지를 쏟는 시간, 누구나 거치는 과정이지만 몸도 마음도 힘든 엄마들. 나만 힘든 게 아니다. 지금이 모든 엄마에게 가장 힘든 시기다. 끝도 없이 고된 이 시기에 밝고 희망찬 자녀 교육은 어떻게 할 수 있을까.

『엄마는 아이의 마음주치의』는 아이의 내면을 건강하게 키워주고 싶은 부모들에게 바치는 책이다. 나는 그림을 통해 엄마와 아이들의 여러 감정과 언어로 다 표현하지 못하는 소리를 듣는다. 그리고 나 역시 특별한 예외 없이 자녀 양육을 해온 선배 엄마이고, 인생의 선배 입장에서 이 책을 집필하게 되었다.

아무도 알아줄 것 같지 않은 힘든 시기에 자녀를 기르며 자기계발을 부지런히 하고 있는 어머니들을 떠올리며 책을 썼다. 양육 과정에 대한 아동심리를 기본으로 가정에서 놓치고 있는 부분을 미술치료의 그림 사례를 통해서 아이들의 마음을 살펴보았다.

아이의 마음을 보여주는 요술 거울은 없지만 마음을 읽을 수 있는 방법이 있다. 바로 미술치료다. 굳이 미술치료라는 말을 붙이지 않더라도 아이가 즐겁게 미술놀이를 하다보면 엄마의 사랑을 가깝게 느낄 수 있다.

정신의학자이자 심리학자인 융Jung은 "어린이를 키우는 교육 과정에는 여러 가지가 필요하지만 영혼을 살찌우는 데 가장 중요한 요소는 '따뜻함'이다"라고 했다. 엄마와 형성된 유대감과 친밀감은 평생 아이의 정서 상태를 결정한다. 엄마가 그림으로 아이의 내면을 들여다보는 소중한 기회를 이 책을 통해 제공하려고 한다.

그림에는 아이 고유의 이야기가 담긴다. 아이는 그림을 통해 언어보다 편하게 자신의 마음을 알릴 수 있으며, 자신이 느끼고 생각하는 것을 고스란히 드러낼 수 있다. 그림은 또한 세상에 대한 인식의 반영이자 갈등과 염려, 트라우마를 이해하는 강력한 도구이기도 하다.

"내 아이는 내가 제일 잘 알아요."

대부분의 엄마들이 이렇게 말하지만 그렇지 못한 경우가 더 많다. 영유아기를 무난하게 잘 보낸 아이라도 초등학교에 다니기 시작하면 수많은 스트레스에 노출된다. 또래 집단의 관계와 과도한 학업 등으로 말이다.

『엄마는 아이의 마음주치의』는 힘들고 지친 우리 아이와 엄마를 위한 쉼터 같은 책이 되었으면 좋겠다. 서로 마주 보고 웃을 수 있는 여유를 미술놀이를 통해 즐겨보면 어떨까.

이 책을 통해 자녀 양육에 자신감과 기쁨과 희망이 생기는 부모님이 많이 생겨나길 바란다. 우리 아이의 유아기, 아동기를 지나고 생각해보니 참으로 소중하고 귀한 시간이었다. 지금 힘들더라도 다시는 돌아오지 않을 시기임을 기억하고 아낌없이 자녀를 사랑하며 누리길 바란다.

2015년 3월
김선현

차 례

PART 01 그림 속 아이 마음을 알고 싶다면?

PART
01

그림 속
아이 마음을
알고 싶다면?

아이를 다 안다고
착각하지 마라

아이를 키우다 보면 아이들의 행동에 깜짝 놀랄 때가 많다. 아이들은 신체적으로 인지적으로 쑥쑥 자라면서 엄마가 생각하지 못하는 범위까지 활동을 하는데 부모는 그렇지 못하다. 그리고 부모 입장에서 형제를 똑같이 키운 것 같아도 키와 성향, 좋아하는 음식과 교과목 등이 서로 달라 놀랄 때가 있다. 쌍둥이를 키우는 부모들도 이런 부분을 느낄 것이다.

과거에는 할머니, 할아버지와 함께 사는 가정이 많아 자녀 양육이 그렇게 힘들지 않았다. 그러나 핵가족화되고 맞벌이 부부가 증가한 요즘에는 자녀 양육이 사회적 과제로 떠오를 만큼 중요한 문제가 되었다. 특히 양육시간이 부족하다고 느끼는 워킹맘들에게 자녀 양육은 큰 짐으로 다가온다. 그래서 결혼을 안 하려고 하거나 하더라도 자식 없이 살겠다는 여성도 많아서 출산율이 OECD(경제협력개발기구) 회원국 중 최저라는 불명예를 안게 되었다.

부모와 아이와의 관계에서 중요한 것은 시간의 절대적인 양이 아니다. 함께하는 시간이 짧더라도 그 시간 동안 아이가 사랑을 느낄 수 있어야 한다. 아이들은 자신이 사랑받고 있는지 그렇지 않은지를 직관적으로 알아차린다. 어쩔 수 없이 부모와 떨어져 살더라도 "저는 행복해요"라고 말하는 아이가 있는 반면, 부모와 함께 살고 부족함이 없어 보이는 아이가 "저는 불행해요"라고 말한다.

엄마들은 자신이 아이에 대해 모든 것을 다 안다고 착각하지만 막상 문제가 발생하면 왜 그런지 모를 때가 많다.

하루는 미술치료를 받으러 엄마와 8세 여아가 병원으로 찾아왔다. 가정형편도 넉넉하고 부모가 아이에게 남부러울 것 없이 필요한 것을 다 제공하는 것으로 보였다. 엄마는 이유를 알 수 없다는 듯이 말했다.

"해 달라는 거 다 해주는데 이유 없이 불안해하고 학교 가기를 힘들어하네요."

아이를 만나보고 미술활동을 하면서 아이의 입장에서 이야기를 나누었다. 그리고 엄마와 아이가 함께 활동하는 모습을 관찰했는데 엄마가 아이에게 지나치게 개입하고 있었다. 엄마 입장에서는 아이와 소통하는 방식이었겠지만 아이 입장에서는 간섭과 잔소리, 지시일 뿐이다. 엄마의 개입으로 인해 아이에게 '잘해야 한다'는 강박관념이 생기고 급기야 불안감까지 느끼게 된 것이다. 초등학교에 입학한 후에는 다른 아이들과 비교될 거라는 생각에 불안이 더해져 등교 거부를 하기에 이른 것이다.

아이의 불안이 엄마로부터 기인한 것이라 엄마와 상담을 했다. 엄마가 가지고 있던 내적 불안이 아이에게 투사된 상태였다. 아이의 엄마는 무엇이든 확인하고 또 확인하면서 아이를 다그치는 스타일이었다. 미술치료의 대상은 아이가 아니라 엄마였던 것이다. 미술치료를 통해 엄마가 편안해지자 아이도 자연스럽게 안정되었다.

아이에 대해 잘 알고 싶다면 엄마도 자신의 마음을 알고 다스릴 필요가 있다. 아이의 마음을 엄마가 다 안다고 생각하기보다 아이가 표현하는 단어의 뜻을 아이 입장에서 이해하고 소통하는 노력을 해야 한다.

우리도 신혼 때 시작한 아주 작은 집에서 두 아들이 일곱 살, 네 살이 될 때까지 살았다. 나는 너무 좁아서 아이들이 고생했겠구나 생각했는데, 아이들은 그때가 참 좋았다고 이야기한다. 어린 시절 많은 추억으로 행복을 느꼈기 때문이리라. 우리 엄마들도 당당하게 아이들에게 다가갈 필요가 있다.

생각 없이 부지런한 엄마가
제일 위험하다

우리나라 엄마들은 참 부지런하다. 아이가 다닐 학원도 알아봐야 하고, 생일 파티 장소도 섭외해야 한다.

대학원 수업 시간이었다. 결혼해서 아이가 있는 학생이 수업 중에 집중하지 못하고 책상 아래에서 문자를 몇 번 주고받는 것 같더니, 전화를 받으러 왔다 갔다 하느라 안절부절못하고 있었다. 강의 중에 그럴 학생이 아니라 이유를 물어보니 아이의 생일 파티 준비 때문이란다. 아이가 태어나는 순간부터 엄마들은 돌잔치 장소부터 아이 생일 파티 장소섭외까지 매년 반복되는 수고를 자청한다.

어떤 부모가 다섯 살짜리 아이와 함께 해외여행을 다녀왔다. 다녀온 뒤 아이에게 무엇이 가장 인상 깊었는지 질문했더니 "엄마, 빵이 맛있었어!"라고 대답해 허탈했다고 한다. 아이에게 새로운 자극을 줄 욕심으로 해외여행을 떠난 부모는 자신이 쏟아부은 열정과 돈 때문에 본전 생각이 났을 것이다. 이처럼 엄마의 기대와 관점은 아이와 극과 극인 경우가 많다.

아이들이 사춘기가 되면 가족은 모두 몸살을 앓기 시작한다. 그러면서 이야기한다. "내가 널 어떻게 키웠는데!" 과거 부모들은 자식이 서운하게 하면 경제적인 부분을 이야기했다. 요즘 부모들은 아이에게 얼마나 많은 시간과 정성을 쏟았는지 이야기한다. 아무 생각 없이 '옆집 엄마가 하면 나도 해야지' 하고 따라 했다가는 나중에 후회할 수도 있다. 나름대로 소신을 갖고 자녀를 바라보고 양육하자. 오히려 자녀를 믿고 내버려두는 편이 여러모로 편할 수도 있다.

마음만 앞선 부지런한 엄마들은 정작 아이를 위해 진짜로 필요한 교육이나 해결책을 잘 모르는 경우가 있다. 다른 사람을 따라 하는 일도 많고, 무조건 '엄마표'로 아이에게 무언가를 해주어야 아이를 잘 돌보는 것이라고 생각하는 경우가 적지 않다. 또한 아이에게 문제가 생기면 '내가 더 부지런해져야지, 내가 더 알아보고 더 발로 뛰고 더 많은 것을 해줘야지'라고 생각하며 죄책감을 느끼기도 한다. 아이가 학교에 지각하면 엄마들은 '내가 아이를 지각시켰다'라고 말하는데 이런 표현이 과연 맞는 걸까.

이런 엄마들은 대부분 자신이 어떻게 아이를 도와주어야 할지 모른다. 또는 도와주면 좋은지 알지만 그 방법에 대해서는 모르는 경우가 많다. 마음만 앞서고 현실적인 조건이 뒷받침되지 않다 보니 생각 없이 부지런한 것이다.

하지만 이런 점은 아이의 평소 생활을 잘 관찰하는 것만으로도 대부분 해결할 수 있다. 아이의 성향을 파악하고 아이의 시점에서 바라봐야 한다는 말이다.

아이가 할 수 있는 건 아이 스스로 하게 하자. 스스로 무언가를 찾는 기회를 주는 일은 매우 중요하다. 아이 스스로 선택할 수 있는 기회가 없을 때 상대적으로 유능감과 통제감을 박탈당하는 경험을 갖게 된다. 아이에 따라 다르겠지만 순응적인 아이는 엄마가 하자는 대로 따라간다. 어떤 아이는 자신을 억압시켜 놓았다가 자라면서 분노라는 부정적 방법으로 감정을 표출하기도 한다.

아이는 엄마의 반응에 따라 대화가 달라진다. 이때 엄마의 반응은 아이 스스로 선택하게 하고 그 선택의 범위를 넓혀주는 쪽이 돼야 한다. 선택을 언어로 다시 확인시키고 아이가 자신의 선택에 대한 확신을 갖도록 해주면 주도성, 자신감 등을 갖게 된다.

책을 한 권 고르더라도 엄마들의 추천만 믿고 사기보다는 서점에 가서 아이가 책을 고르게 해보고 우리 아이의 성향과 잘 맞는지, 엄마가 읽어주기에 편한지 등을 살펴보자.

아이를 키우면서 내가 부지런한 엄마가 아니라고 해서 좌절할 필요는 없다. 완벽한 엄마로 보이는 사람도 집에선 아이에게 화가 나면 소리를 지르기도 하고 쥐어박기도 하는 나와 똑같은 엄마다.

아이에게 필요한 사람은 완벽한 엄마가 아니다. 조금이라도 아이 마음을 이해하기 위해 이 책을 읽고 있다면 당신은 좋은 엄마다.

그림으로 아이의 심리를 읽고 공감해주고 보듬어주는 것이 미술치료다. 아이의 모든 그림에는 이유가 있다. 성장배경과 가족환경 등 말로는 표현하지 못하는 속마음이 드러난다. 밝고 어두움, 기쁨과 슬픔을 여과 없이 털어놓는다. 그렇기 때문에 심리적으로 문제가 있는 아이가 미술치료를 하는 거라고 생각하면 큰 오해다. 아이는 인격체다. 감정과 생각이 있고 자기 주관이 있다. 이것이 부화뇌동 남들이 보내는 학원과 사교육에 집중하면 안 되는 이유다. 복제된 부품으로 아이를 여기는 생각과 다르지 않다.

유아동기 때 엄마가 아이의 심리를 읽고 공감과 위로, 격려를 해준다면 멋진 성인으로 성장하게 될 것이다.

아이에게 가장 필요한 스펙은
마음 건강이다

아이들은 감정이나 생각을 표현하는 데 서툴다. 아이가 화를 내거나 투정을 부릴 때 이유를 말해주면 좋을 텐데 아이들은 대개 말하지 않고 짜증만 낸다. 이럴 때 엄마는 화가 나기도 하고 걱정이 되기도 하며, 심한 경우 아이의 감정에 동요되기도 한다.

아이를 키우면서 양육 지침에만 의지하기보다는 시행착오를 겪더라도 나와 내 아이만의 관계를 맺는 것이 좋다. 많은 엄마들이 좋은 엄마가 되기 위해 하고 싶은 일을 참아가며 아이에게 무엇을 해줄 수 있는지 고민한다. 자신이 부족하고 못해주는 부분에 대해서는 안타까워하면서 조바심을 낸다.

특히 아이가 초등학교에 들어갈 때가 되면 엄마들은 마음이 더 조급해져 아이를 경쟁으로 내몬다. 우리나라의 사회 전반적인 분위기도 경쟁을 부추기는 데 영향을 미친다.

2012년 '국제학업성취도평가(PISA)'에서 우리나라는 OECD 회원국을 포함한 전체 65개 참여국가 가운데 수학·읽기·과학 세 과목 모두 최상위권의 학업성취도를 기록했다. 수학 과목은 1위를 기록할 만큼 뛰어났다. 그러나 학습태도와 관련된 정서적 지수에서는 어떤 평가를 받았을까? 수학에 대한 호기심이나 흥미도는 OECD 회원국 평균보다 낮은 58위였다.

이 결과가 의미하는 점은 아이들이 자발적으로 공부하는 것이 아니라는 뜻이다. 아이들의 행복지수 역시 매우 낮게 나타났다. 우리나라의 아동과 청소년의 주관적 행복지수는 OECD 회원국 중 6년 연속 최하위를 기록했다.

수능이 끝난 후 '성적 비관 수험생 자살' 같은 기사를 자주 접하게 되는 것도 이와 무관하지 않다. 우리나라에서 수능의 의미는 청소년이 거쳐야 하는 통과의례처럼 되었다. 단 하루의 수능 시험을 위해 전국의 수많은 학생들이 청소년기를 '올인'하고 있다. OECD 회원국 중 자살률 1위라는 불명예를 10년째 고수하고 있다.

특히 청소년들의 사망 원인 1위가 자살이라는 사실은 학부모 입장에서 자녀교육에 대해 깊은 고민에 빠지게 한다. 학교 입학식을 시작으로 아이를 혼자 학교에 보내는 것부터 염려스럽고 이후엔 우리 아이만 뒤처지는 것은 아닌가 싶어 허리띠를 졸라매며 이것저것 사교육을 시킨다. 워킹맘들은 걱정이 더하다.

최근 청소년 자살에 대한 연구를 하면서 자살 요인을 살펴보니 청소년들이 극단적인 선택을 하는 데는 우울과 충동성, 술이나 약물 등의 개인 특성과 가족관계나 가족 특성, 경제적 어려움 등 정말 다양한 이유들이 있었다. 청소년들은 학교와 또래 환경의 특성인 따돌림이나 학교 폭력, 성적 등의 문제를 해결할 수 있는 방안을 찾지 못해 그 수단으로 자살을 선택한다. 정서적으로 공감받지 못한다는 이야기들이 절대적으로 많았다.

이 연구를 통해 이제는 지시와 통제 중심의 교육에서 벗어나 자율적인 교육이 필요하다는 것을 다시 한번 느꼈다. 아이들의 학업 성취 향상이 아닌 아이들의 삶의 개선이 필요하다. 엄마의 양육방식에도 많은 변화가 필요하다. 삶과 미래에 대해 꿈꾸게 하고 용기를 북돋아주고 자신의 삶을 스스로 책임지는 사람이 될 수 있도록 도와주어야 한다.

엄마는 아이들이 마음을 툴툴 털어놓을 수 있는 대상이 되어야 하고 같이 고민해주는 사람이어야 한다. 아이에게는 고민을 들어주는 어른이 필요하다. 막상 어렵게 이야기를 꺼냈는데 아무렇지도 않게 넘기면 아이의 마음은 닫혀 버린다. 한번 마음이 닫힌 아이는 쉽게 마음을 열지 않는다.

이럴 때 미술치료는 아이들의 닫힌 마음을 여는 데 도움이 된다. 미술 활동을 통해 아이들의 스트레스를 해소할 수 있을 뿐 아니라 적극적으로 대화를 나누는 기회를 마련할 수 있다.

아이는 아는 것만 그린다. 이것이 미술치료의 시작이라고 할 수 있다.

무심코 그린 그림 속에 내가 아는 사실, 내가 느끼는 감정과 생각, 내가 미처 알지 못한 내 마음이 드러난다. 미술활동을 통해 부정적인 에너지를 올바르게 발산하고 이를 통해 해소를 경험하는 일은 아이가 자기만의 세계를 찾아가는 과정을 도와준다.

미술활동을 통해 아이들이 즐거움과 성취감을 느끼게 하자. 내면을 위한 미술활동은 자신감과 자존감을 향상시켜 어려운 상황을 잘 극복할 수 있는 능력을 가지게 한다.

엄마와 아이를 이어주는
그림육아

나를 표현하는 방법에는 여러 가지가 있다. 미술뿐만 아니라 음악, 무용, 연극, 시 등 다양한 예술 활동을 통해 나를 표현할 수 있다. 그중에서 미술은 왜 치유의 힘을 갖는 것일까.

미술은 시각에 많이 의존한다. 미술치료가 비언어적 의사소통 수단이라고 하는 이유도 여기에 있다. 사람의 여러 감각 중 시각은 특히 세상을 인지하는 데 많이 쓰인다. 음식의 맛을 좌우하는 것도 미각보다 시각이라고 한다.

사람의 기억, 추억은 장면으로 펼쳐지고 심상을 떠올릴 때도 이미지화된다. 감정이나 기분도 마찬가지이다. 어떠한 형태를 가지고 있지는 않지만 색이나 선으로 표현할 수 있다. 그렇기 때문에 미술, 그림을 통한 공감과 소통이 가능한 것이다. 즉, 자신의 감정과 생각을 시각적으로 옮겨 자신이나 타인의 마음을 보면서 이야기할 수 있다.

아이는 자신이 알고 느낀 것 등 표현하고 싶은 창작의 욕구를 다양한 미술활동과 재료를 통해 표현한다. 이때 미술재료를 통해 더 풍부한 내용을 표현하고 새로운 감각 경험을 하기도 한다. 이러한 과정 속에서 창의적 사고를 하고 새로운 에너지를 충전하고 휴식을 갖는다.

그림은 '마음의 지도'다. 따라서 그림으로 아이의 마음을 읽으려면 방향을 잘 읽고 나아가야 한다. 엄마는 아이 마음의 지도를 읽고 아이에게 길을 안내해주어야 한다. 방위를 제대로 보지 못해 길을 거꾸로 알려주거나 심지어 지도를 읽지 못한다면 아이는 혼란에 빠지고 만다.

아이의 마음을 미술로 치유하는 미술치료에는 사례개념화라는 단계가 있다. 사람이 가진 문제의 원인에 대해 미술치료사가 일종의 가설을 세우는 것이다. 문제를 파악하고 해결하기 위해 미술치료 프로그램의 목표와 방향 등을 계획한다. 이때에는 상대에 대한 많은 정보가 필요하다. 상담과 심리치료에서는 일반적으로 내담자의 이야기를 듣고 질문하는 과정을 통해 그의 가정환경이나 발달사 등을 파악해나간다. 미술치료에서는 이 과정에 그림이라는 도구를 하나 더 추가한다. 그림은 아이들의 심리를 파악하는 데 두말할 나위 없이 효과적인 도구이다.

아이와 그림으로 소통하기 위해선 엄마의 틀을 깨고 아이의 특성을 있는 그대로 받아들이기 위해 노력해야 한다. 그림육아도 마찬가지이다. 그림으로 공감할 마음의 준비를 해야 한다. 교육적인 접근이 아닌 놀이의 개념으로 접근해야 한다. 놀이는 성인이 되면서 생산적인 활동으로 전환된다. 몸과 마음이 연결되도록 하여 건강하게 자신의 감정을 인식하고 표현하게 하는 것, 이로 인해 건강한 관계를 맺게 하는 것, 이 것이 그림육아다.

아이들은 자라면서 그림 그리기를 재미있어한다. 이럴 때 엄마가 아이의 미술놀이 상대가 되어 준다면 정서적으로나 교육적으로 좋은 영향을 미칠 수 있다. 함께 하다 보면 자연스레 아이와 많은 이야기를 나눌 수 있다. 그러면서 아이가 무엇을 원하는지 어떤 생각을 하는지 부족한 점은 무엇인지 알게 된다. 그림이라는 도구로 한자리에 모여 엄마와 아이가 집중하다 보면 관계도 더 끈끈해진다. 그림은 아이의 상상력과 창의력까지 길러줄 수 있으니 금상첨화다.

아이의 기질을 어떻게 알 수 있을까

스텔라 체스Stella Chess와 알렉산더 토머스Alexander Thomos는 아동의 기질
을 규칙성, 활동성, 접근-회피, 적응성, 기분, 반응역치, 반응의 강도,
주의산만성, 지속성 9개 영역으로 나누어 관찰한 후 세 그룹으로 분류
했다.

- 순한 아이 Easy Child : 새로운 환경에 적응을 잘하고 긍정적인 아이들이다. 전
  체 아이의 40퍼센트 정도다.
- 까다로운 아이 Difficult Child : 짜증을 잘 내고 잘 울고, 먹고 자는 것도 불규칙
  하다. 전체 아이 중 10퍼센트 정도다. 이런 아이들은 키우기가 어렵고, 손도
  많이 가고 엄마도 짜증이 날 만큼 까다롭다.
- 느린 아이 Slow to Warm Up Child : 중간 그룹으로서 느린 아이다. 15퍼센트나
  된다. 새로운 환경에 대한 적응이 느리다. 감정 상태도 긍정적인 측면, 부정
  적인 측면이 공존하며 무슨 일이든 상당한 노력을 기울여야 하는 아이다.

나머지 35퍼센트는 어느 그룹으로도 분류가 안 된다. 이 분류와 아이
의 장래와는 큰 관계는 없다고 한다. 다만 부모와 상반된 기질을 갖고
있는 경우, 서로 이해하지 못하고 갈등을 겪기 쉽다. 아이의 기질에 맞

춰서 엄마가 대처하기를 바란다. 기질이 맞지 않다고 해서 매번 짜증내고 야단치면 아이의 상태는 더 안 좋아질 수 있다. 나 역시 기질이 다른 두 아이의 교육법을 달리했다. 한 명은 야단을 치면 듣지만 한 명은 칭찬을 해주어야 일을 잘하는 것을 깨달았다.

엄마가 기질의 장점을 잘 활용하면 그 아이의 강점으로도 활용할 수 있다. 예를 들면 이런 식이다. 학습에 있어서 주변에 무엇이 있든 신경을 쓰지 않는 아이라면 주변이 어떻든 상관이 없다. 환경에 예민한 아이라면 주위에 신경 쓰일 만한 것들을 치워줘야 집중하는 데 도움을 준다.

PART
02

아이는
그림으로
말한다

엄마가 공감해야
치유가 된다

우리는 누구나 상처와 트라우마를 지니고 산다. 상처나 트라우마는 사람을 정서적으로 취약하게 한다. 분노, 두려움 등 긍정적이지 못한 부정적인 감정이 생기게 한다. 혹시 엄마 자신도 모르고 살아온 어린 시절의 상처가 있지는 않은지 뒤돌아보는 시간을 갖도록 하자. 부모에게 받은 어두운 면을 나도 모르게 아이에게 대물림하고 있을지 모르기 때문이다.

자신이 가진 콤플렉스를 아이를 통해 해소하려는 것은 아닌지도 냉철하게 따져보자. 내가 영어를 못했다고 아이에게 무리하게 영어 공부를 시켜서 대리만족을 얻으려 해서는 안 된다. 물론 부모의 바람을 아이들이 알고 그대로 따라주면 좋겠지만 강요해서는 안 된다. 그저 아이들이

하고 싶은 일을 하고 몸과 마음이 건강하게 자랄 수 있도록 도와주는 게 부모의 도리이다.

미술치료도 마찬가지이다. 아이가 마음껏 자신의 감정을 그림에 표현할 수 있도록 도와주어야 한다. 그림에 엄마가 안 나오거나 아빠가 빠져 있다는 이유로 꼬투리를 잡으면 아이의 솔직한 마음이 잘 표현되지 않을 수도 있고 아이가 그림을 그리지 않을 수도 있다. 미술치료에 들어가기 전에 자기 자신부터 돌아보자. 또한 아이가 엄마의 바람대로 다 표현해야 한다는 생각을 버리고 시작하면 좋겠다.

아이는 미술로 말한다

언어를 완벽하게 구사하지 못하는 아이는 자신의 감정과 생각을 언어로 정확히 표현하는 일이 어렵다. 미술은 아이들의 감정과 생각을 표현하는 의사소통의 수단이자, 아이들이 자신을 둘러싼 세상에 대한 인식과 사과, 감정, 갈등 등을 표출하는 도구이다. 미술에는 정해진 규칙과 정답이 없고 누구나 색과 선, 형태를 활용하여 자유롭게 표현할 수 있으므로 다른 표현 방법보다 쉽고 편하다. 미술재료를 만지면서 얻어지는 감각적 경험들은 그 자체로 치유의 효과를 준다.

미술을 통해 아이들은 정서적으로 이완되고 편안한 느낌을 경험한다. 일상생활에서 수용하기 어려운 감정들을 자연스럽게 표출하고 해소시키는 것이다. 이러한 과정을 통해 심리적 안정감을 경험하고 내면의 성숙을 이룰 수 있으며, 올바른 가치관 형성과 자존감 향상에도 도움이 된다.

심신의 안정을 찾게 하는 그림의 힘

미술치료는 아이들이 감정과 내면을 표현하는 수단이자 심신의 안정을 찾게 해주는 치료법이다. 아이들은 아직 스스로 문제를 해결할 힘이 부족하기 때문에 무의식적 사고와 감정을 미술로 표현한다. 자신의 갈등을 배설하고 부정적 에너지를 긍정적으로 전환시키는 창작 과정은 그 자체로 치료적 효과를 지닌다. 부모와 아이가 치료시간을 함께하면서 미처 알지 못했던 문제점을 그림으로 깨닫고 교감할 수도 있다.

미술치료라고 해서 꼭 그림 그리기만 해당되는 것은 아니다. 아이들은 그림 그리기 외에도 만들기, 부수기, 쌓기 등의 놀이를 하면서 정서적 이완이나 해소를 경험할 수 있다. 일상생활에서는 드러내기 어려운 부정적 감정인 분노와 공격성을 마음껏 표출할 수도 있다. 미술을 통해 아이들은 마음속 기쁨과 슬픔, 갈등이나 고통 등을 자유롭게 표현하는 게 가능하다. 어른처럼 언어로 능숙하게 표현하지 못하는 아이들에게 미술은 훌륭한 의사소통의 수단인 것이다.

아이가 하고 싶은 말을 그림으로 표현할 때 부모가 주의해야 할 점이 있다. 그림을 그리는 아이의 행동이나 작품의 완성도에만 관심을 기울여서는 안 된다. 미술활동의 궁극적인 목적은 그림을 통해 아이와 소통하는 것이다. 부모는 아이의 입장이 되어 아이가 경험한 상황과 감정을 다시 경험하듯이 들어주는 공감의 자세를 가져야 한다. 이 같은 상호작용으로 부모에게서 자신이 존중받고 있다고 느껴야만 아이는 자신의 마음을 적극적으로 드러낼 것이다.

아이의 그림을
평가하려 하지 마라

미술치료를 할 때는 아이와 눈높이를 맞춰 대화하고 평소 아이의 상태를 아는 일이 중요하다. 엄마 자신에 대한 성찰도 있어야 한다. 자신에 대해 잘 알고 스스로 존중하는 마음이 있어야 아이에게도 애정을 가지고 마음을 열 수 있는 여유가 생기기 때문이다.

아이의 투정을 무조건 받아주거나 비위를 맞추는 것, 지나치게 엄하게 대하거나 목표를 달성하도록 압박하고 그림을 못 그린다고 핀잔을 주어서는 안 된다. 기술이 부족하다면 방법을 가르쳐주거나 쉬운 것부터 차근차근 해나갈 수 있도록 도와주어야 한다. 아이가 싫어하거나 거부하는 것도 인정하고 아이의 생각과 장점에 익숙해지도록 노력하는 마음가짐이 중요하다.

미술활동은 그 자체만으로 스스로 치료할 수 있는 기회를 제공하지만 작품을 통해 아이와 대화를 하는 과정은 아이의 감정과 생각을 이해하는 데 매우 중요한 역할을 한다. 작품에서 나타나는 상징은 아이의 경험뿐만 아니라 의식적·무의식적인 세계까지 표현하기 때문이다.

그림에 나타나는 상징적 의미는 아이의 성장 배경이나 주변 환경에 따라 해석이 달라질 수 있다. 비언어적인 수단인 그림으로 아이들의 생각이나 감정을 쉽게 표현할 수 있지만, 아이의 연령이나 환경, 상황, 성격, 그림을 그릴 때 모습 등을 전체적으로 고려해야 한다. 부모는 지나치게 주관적으로 아이의 그림을 해석하거나 아이가 보이는 문제 행동만 가지고 평가하고 단정 짓지 않도록 주의해야 한다. 자신이 아이를 어떻게 보고 있는가 하는 관점을 먼저 점검해야 한다. 엄마가 바라보는 아이와 가족에 대한 관점, 아이가 바라보는 부모와 가족에 대한 관점 등에 대해 어떻게 느끼고 생각하는지 대화를 나누는 과정에서 서로 이해하는 기회가 생긴다.

아이가 그림을 그릴 때에는 편안하고 자유롭게 그릴 수 있도록 지원해주고 그림을 보고 대화를 나누어야 한다. 무엇보다 마음을 헤아려주는 노력이 중요하다. 아이의 그림에 등장하는 인물들이나 줄거리에 관심을 가지고 귀 기울이면 아이의 마음이 보이기 시작한다.

아이의 내면을 드러내는
미술치료

인간은 언어로 감정과 생각을 전달하는 방식에 익숙해져 있다. 그러나 말로 표현되는 것이 전부는 아니다. 말로 표현할 수 없는 느낌이나 생각이 더 깊고 풍부할 수도 있다.

아이는 마음속에 담고 있는 것을 도화지에 그리거나 만들 수 있다. 그림은 하나의 멋진 이야기가 되어 아이의 마음을 드러낸다. 미술에는 특별한 규칙이 없고 색과 선, 형태를 활용하면 되기 때문에 자신의 감정을 자유롭게 드러낼 수 있다.

아이는 크레파스를 잡는 법을 배우고 힘을 주어 선을 긋는 법을 배우면서 무언가를 표현하고 싶어 한다. 눈 깜짝할 사이에 거실 벽에 또는 책장에 낙서를 한다. 즐거워서 신이 날 때도 낙서를 하고 화가 나서 어쩔 수 없을 때도 낙서를 한다. 아주 어렸을 때부터 미술로 자기 표현을 하는 것이다. 손으로 연필이나 색연필을 잡게 되는 순간부터 몸을 자유롭게 움직여 집 안을 온통 그림으로 도배한다.

눈으로 볼 수 있고 만져볼 수 있는 작품을 남기기 때문에 아이의 성취감도 그만큼 커진다. 미술 작품이라는 매개체로 아이와 주변 사람들 사이에 소통이 될 뿐만 아니라 자신의 작품을 소중히 간직하면서 자존감을 향상시킬 수 있게 된다.

아이가 색을 선택하고 그림을 그리는 데는 아이의 마음 상태가 가장 큰 영향을 미친다. 색채는 아동의 심리 상태를 알게 해주는 하나의 매개체다. 한 가지 색채를 편중되게 사용하는 경우 아이의 시각이 좁아져 마음이 한쪽으로 치우친 상태일 수도 있다. 이럴 땐 세심하게 아이를 살펴볼 필요가 있다.

미술치료는 분명히 전문가의 영역이지만 아주 손쉽게 집 안에서 엄마와 함께할 수 있는 영역이기도 하다. 뒤에서 소개할 몇 가지 주의점만 기억한다면 누구나 할 수 있다.

아이가 자신을
마음껏 표현하게 하라

미술치료는 나이, 성별, 질병의 유무와 관계없이 모든 대상에 적용할 수 있다. 특히 나이가 어려 언어 표현이 미숙하거나 심리적으로 큰 충격을 받아 상담이 힘든 아이들은 미술치료를 통해 자신의 내면을 드러낼 수 있어서 치료에 상당한 도움을 준다.

어릴 때 아버지와 사별한 초등학교 여자아이를 만날 때 일이다. 아이는 겉으로 보기에 아무런 문제가 없었고, 외향적인 성향으로 보일 만큼 밝은 모습을 보였다. 하지만 엄마는 아빠의 부재로 인해 아이에게 문제가 있을까봐 걱정이 되어 병원을 찾아온 것이다.

아이에게 아빠를 생각하면 떠오르는 이미지를 그려보도록 했다. 그러자 아이는 병원에 있는 아빠의 마지막 모습을 그렸다. 병원 전체 풍경은 회색빛으로 가득했다. 아이는 아빠의 눈동자가 잘 보이지 않던 모습을 묘사하였다. 어찌 보면 섬뜩할 만큼 그림으로 아빠의 마지막 순간을 담아내었다. 아빠에 대한 이미지는 마지막 장면으로 슬프고 괴로운 감정만을 담고 있었던 것이다. 이후 아이와 아빠에 대한 기억을 긍정적인 기억으로 전환하는 프로그램을 진행하여 일상생활로 잘 회복할 수 있도록 도왔다.

이처럼 아이는 자신의 감정을 잘 드러내지 못하거나 때로는 정반대의 감정으로 표현하기 때문에 그림을 통해 아이의 감정 표현을 민감하게 관찰할 수 있다.

아이들은 초등학교를 다니기 시작하면서 수많은 스트레스에 노출된다. 또래집단에서의 관계 형성과 과도한 학습으로 인해 어른 못지않은 심리적 어려움을 겪게 되기 때문이다. 아이들은 사고력과 언어 표현 능력이 미숙하여 상담만으로 문제를 해결하기가 사실상 어렵다.

그림은 언어를 대신하여 아이의 감정과 생각을 고스란히 드러나게 할 수 있다. 그림이 아이를 둘러싼 세상에 대한 인식을 반영할 뿐만 아니라 아이의 사고, 감정, 환상, 갈등, 염려 등을 이해하는 강력한 도구를 제공한다. 이때 아무 조건 없이 아이의 모든 것을 있는 그대로 받아들여야 한다. 아이가 자연스럽게 표현할 수 있는 기회를 주는 것이 무엇보다 중요하다. 아이에게 미술치료를 하면 두 가지 긍정적인 효과를 얻을 수 있다.

첫째, 아이의 마음과 생각을 그림으로 진단할 수 있다. 아이가 그린 그림 속의 대상, 그림의 배치와 구도, 그림 속에 사용된 색과 선의 특성 등으로 아이의 마음과 생각을 읽게 된다. 미술로 아이의 심리 상태를 살펴보는 것이 미술이 지니는 진단적 기능이다.

둘째, 아이 스스로 문제를 표현하고 다시 경험하면서 심리치료의 효과가 생긴다. 미술치료는 정서장애가 있는 아이, 심리적으로 불안정한 아이를 대상으로 할 경우 치료 효과가 극대화된다. 분노, 적대감 해소 등 감정을 정화하고 긴장을 이완시켜 심리적으로 안정을 주기 때문이다. 아이를 위한 미술치료는 아이 스스로 자신의 감정을 조절하고 통제하여 문제를 해결할 수 있게 돕는다. 특히 치료사와 쉽게 친밀감을 형성하여 치료 관계를 이룰수록 그 방법은 유익하다.

그린다는 것,
엄마가 아이를 치유하는 과정

미술은 여러 가지 범위의 능력을 필요로 한다. 충동과 통제, 환상과 실제, 무의식과 의식, 공격과 사랑 등 갈등 요소의 통합을 요구한다. 이러한 갈등 요소들을 통합할 때에는 위협이 따르기도 하는데 이때 미술의 기능을 활용하여 통합을 이룰 수 있다. 즉, 대립되는 힘을 단합시키기 위해 미술은 치료적 측면과 창조적 측면 모두를 내포한다. 이러한 기능을 적극 활용하는 것이 미술치료다.

미술은 이제 교육과 놀이의 차원을 넘어 치료 역할을 한다. 아이의 스트레스를 해소하는 데서 시작해 크게는 상처 입은 마음을 보듬어준다. 미술이 지닌 고유의 장점은 아이의 내적 갈등을 해결해주고 아픈 곳을 어루만져주는 차원에까지 이르렀다. 자녀를 위한 미술치료가 구체적으로 어떤 장점이 있는지 알아보도록 하자.

미술은 심상의 표현이다

우리는 심상image으로 생각을 한다. 엄마라는 말을 하기 전에 '어머니'의 심상을 떠올린다. 삶의 초기 경험은 심상의 중요한 요소가 되고, 성격 형성에 중요한 역할을 한다. 미술치료에서는 꿈이나 환상, 경험이 심상으로 나타난다.

비언어적 의사소통 : 통찰과 학습, 성장 효과

아이는 특히 자신의 생각이나 감정을 언어화시키는 작업에 숙달되어 있지 못하다. 아이들은 예상치 못한 작품을 완성하거나 가끔은 의도와는 완전히 반대로 표현힌다. 이러한 사실은 미술치료의 가장 흥미로운 점 중 하나다. 미술은 비언어적 의사소통 수단으로 자연스럽게 아이들에게 통찰과 학습, 성장을 유도한다.

자신의 작품으로 감정과 사고를 구체화한다

미술은 구체적인 유형의 자료를 얻게 한다. 즉, 아이가 그린 작품이 자료가 된다. 미술의 바로 이러한 측면이 많은 의미를 가진다. 아이들은 그림과 조소와 같은 하나의 사물로 마음과 생각을 구체화시킨다. 그렇기 때문에 언젠가는 자신도 모르게 자신이 만든 작품을 보며 자신의 실존을 깨닫는다.

미술은 작품의 보관이 가능하기 때문에 아이들이 만든 작품을 필요한
시기에 재검토하여 치료 효과를 높일 수 있다. 때로는 새로운 통찰이 일
어나기도 한다. 아이들은 이전에 만든 작품을 다시 보면서 당시 자신의
감정을 회상한다. 작품의 변화를 통해서 치료의 과정을 한눈으로 이해
할 수 있다.

공간성을 지닌다

언어는 1차원적이고 시각적인 의사소통 방식이다. 미술의 공간성은 복잡한 관계를 한 장의 그림으로 표현한다. 가깝고 먼 것이나 결합과 분리, 유사점과 차이점, 감정과 특정한 속성, 가족의 생활환경 등을 표현하게 된다. 개인과 집단의 성격을 이해하는 데 쉬운 도구다.

창조성과 신체적 에너지를 유발한다

미술작업을 시작하기 전에는 개인의 신체적 에너지가 다소 떨어져 있다. 미술작업을 진행하고 토론하고 감상하고 정리하는 시간에는 대체로 활기찬 모습을 관찰할 수 있다. '창조적 에너지'가 발산되기 때문이다.

아이의 발달 단계에 따라
달라지는 그림

아이들의 그림을 올바르게 이해하려면 주관적인 판단이 아닌 아이들의 발달 단계에 따른 그림의 특성을 이해해야 한다.

미술교육학자 빅터 로웬펠드Viktor Lowenfeld는 아이들이 발달 단계에 따라 그림에서 반복적으로 보이는 일정한 특징이 있다는 것을 밝혀냈다. 첫돌이 지나 손에 펜을 쥘 수 있을 정도의 힘이 생기면 종이나 벽 아무데나 무언가를 끄적이는 난화기亂畵期를 시작으로 아이들이 정서적, 지적으로 성장하면서 미술표현도 함께 발달한다.

다음에는 유아에서 아동기까지 아이들이 실제로 그린 그림을 보면서 발달 단계에 따라 그림이 어떻게 달라지는지 알아보자.

난화적 표현: 무지개나무(5세 남자아이)
손에 잡히는 대로 그린다. 목적 없이 그리는 그 자체에 즐거움을 느낀다.

낙서와 같은 난화적 표현이 시작된다(첫돌~3세)

첫돌 이후 3세까지 아이들은 종이나 벽에 낙서와 같은 난화를 그린다. 난화란 아무렇게나 선을 그리는 것이며, 이 시기를 난화기라고 한다. 무질서해 보이지만 이렇게 아이들의 자기표현이 시작되는 것이다.

아이들이 팔을 휘두르듯 마구 그린 낙서는 그림이라기보다 본능에 의한 기능적 쾌락에 가깝다. 목적 없이 그리는 행동 자체에 즐거움을 느끼는 것이다. 그러나 난화를 아무 쓸모가 없는 낙서로만 볼 수는 없다. 아이들은 처음에는 목적 없이 난화를 그리지만 성장하면서 난화에도 차츰 내용이 담긴다.

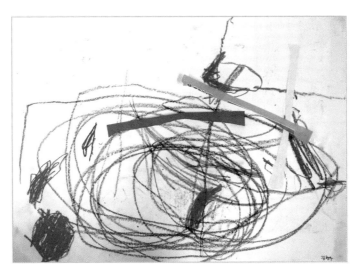

분화되지 않은 원의 출현: 재미있는 그림(5세 여자아이)
불완전한 원에서 완전에 가까운 원으로 진행한다.

분화되지 않는 원이 나타난다(3~4세)

난화기 단계가 5~6개월에서 1년 정도 지속되면 아이들은 다음 단계
로 원을 그리기 시작한다. 이때 최초의 원은 팔 운동에 의한 회전에서
비롯된다. 불완전한 원이 점차 횟수가 증가함에 따라 완전에 가까운 원
으로 진행한다. 단순한 원만 나타났다고 생각할 수 있지만 아이들이 표
현한 원 속에는 사람의 얼굴이나 몸 등이 포함되어 있다. 이렇게 그려진
원에는 내용이 포함되어 있고 단지 분화되지 않은 형태가 나오는 것일
뿐이다.

반복적 표현: 물고기, 별, 집(6세 여자아이)
관심이 있는 것에 집착하여 반복적으로 그린다.

　아이는 자신이 관심을 갖는 사항에 집착하여 반복적으로 그림을 그린다. 이러한 표현은 자신의 욕구를 그림에서 충족시키려는 경향으로 정서적 억압이나 경험의 부족, 소재의 빈곤으로 인해 드러날 수 있다. 한편으로는 그림을 가득 채우는 수단으로 사용하기도 한다.

동시적 표현: 우리 가족들(6세 여자아이)
사실적인 묘사보다 그리기 쉬운 것부터 그려나간다. 부분에서 시작하여 전체로 그린다.

동시적 표현이 나타난다(2~7세)

아이들은 그림을 그릴 때 사실적인 묘사보다는 자신이 그리기 쉽고 편한 방법으로 그려나간다. 측면과 정면, 윗면과 밑면 등을 동시에 같은 방향으로 그린다. 3차원의 표현을 2차원으로 해석하는 등 자신이 그리기 쉬운 것부터 그리기 때문에 전체의 형태보다는 부분에서 시작하여 조형의 원리에 맞지 않은 그림이 나타난다.

예를 들면 도로를 그릴 때 길을 따라 그린 나무들을 원근이나 크기의 구별 없이 모두 누워 있는 모양으로 표현한다. 2~7세의 아동화에서 흔히 나타난다.

열거식 표현: 나의 친구들(7세 여자아이)
사물과 사물 간의 관계를 판단하는 능력이 부족하기 때문에 나열되는 형식으로 표현한다.

열거식 표현이 나타난다(4~7세)

아이들의 그림에서 흔히 볼 수 있는 특징 중 하나는 열거하는 식의 표현이다. 사물과 사물 간의 관계를 판단하는 능력이 부족해서 열거로 표현한다. 아직 공간 개념이나 객관성이 있는 조형원리를 통한 표현이 아닌 자신의 경험이나 관심을 중심으로 묘사하기 때문이다. 아이들은 당시의 느낌과 감동을 표현하기 위해 그림을 그리기 때문에 이와 같은 모습으로 그림에서 나타난다.

자기중심적 표현: 나와 친구들(6세 여자아이)
일상에서 경험한 일을 나타내기 시작한다. 자신을 주인공으로 그린다.

자기중심적인 표현이 나타난다(5~7세)

유아기를 거친 아이들의 그림에서는 주로 일생생활에서 경험한 일들이 나타나기 시작한다. 객관적인 사실은 무시가 되고 자신이 알고 있는 내용을 과장하거나 생략하여 그린다. 주로 원근을 무시하고 그림의 중심에는 자신이 주인공이 되는 자기중심화가 나타난다. 이 시기에 아이들은 자신의 눈에 보이는 것이 아닌 자신이 알고 있거나 자신에게 편한 방법으로 그림을 그린다.

기저선의 표현: 하늘을 나는 것(6세 남자아이)
공간 개념이 생기면서 높은 것과 낮은 것, 멀리 있는 것과 가까이 있는 사물을 구별한다.

기저선이 나타난다(6~9세)

아이들의 그림에서 나타나는 가장 특징적인 공간 개념 중 하나가 하늘과 땅을 나누는 기저선의 출현이다. 기저선의 상단을 하늘이라고 의식하고, 하단을 땅이라고 생각하기 시작한다. 아이들은 공간 개념이 생기면서 높은 것과 낮은 것, 멀리 있는 것과 가까이 있는 사물을 구별한다. 대상의 사실적 표현에 관심을 갖기 시작한다.

투시적 표현: 나의 친구들(7세 남자아이)
보이지 않은 현상이나 사실을 상상하여 그린다. 안쪽이 보이도록 그린다.

투시적 표현이 나타난다(7~9세)

투시적 표현은 아이들이 보이지 않은 현상이나 사실을 상상하여 그린 것이다. 건물이나 자동차를 그릴 때에도 안쪽이 보이도록 그리는 것을 말한다. 이러한 표현은 이미 알고 있는 외형과 내용의 표현을 나름의 방법으로 접목시켰다고 볼 수 있다. 아직 사물과 사물의 관계 판단이 부족해서 나타나는 형태라고 설명할 수도 있다. 그러나 아이 자신이 경험한 것을 내부와 외부에 구속 받지 않고 나타내고자 하는 특성으로 이해하면 된다.

사물의 의인화: 나의 친구들(7세 남자아이)
모든 사물이 생명을 가지고 있다는 생각으로 의인화하여 표현한다.

사물을 의인화하여 표현한다(7~9세)

아이는 모든 사물이 생명을 가지고 있다는 가정 하에 의인화하여 표현한다. 꽃, 나무, 해 등에 얼굴 표정을 그리는 등 살아 있는 것이나 죽은 것, 식물과 동물 등을 사람과 같이 생각하여 감정을 가질 수 있다고 착각한다. 의인화한 표현은 현실과 꿈, 실제와 공상, 상상이 확연히 구별되지 못하고 혼돈되어 미분화 상태로 통합된 생각의 결과라고 할 수 있다.

피아제의 인지 발달 단계

감각운동기 (출생~2세)	영아가 새로운 정보를 얻기 위해서 자신의 감각을 사용하고 운동 능력을 사용하는 시기다. 반사 활동에서 간단한 지각 능력과 운동 능력이 발달한다. 이때 물체나 대상이 시야에서 사라져도 그 물체와 대상이 계속 존재한다고 믿는 대상 영속성이 나타난다.
전조작기 (2~7세)	유아들이 신체 감각보다는 언어활동과 신체활동을 통해 새로운 정보를 얻는다. 감각운동기와 조작적 사고의 과도기다. 자아중심성은 이기적이라는 개념과 다른 것으로 다른 사람의 관점을 이해하는 능력이 부족한 상태를 말한다. 보존 개념 중에서 수에 관한 보존 개념이 발달한다. 보존 개념은 한 사물이 외형이 변화해도 그 사물이 가지고 있는 질량이나 길이, 면적 등이 변하지 않는다는 것을 아는 개념이다.
구체적 조작기 (7~11세)	학교에 들어갈 때가 되면 인지적 능력이 급속도로 발달한다. 자아중심적 사고에서 벗어나 보존 개념이 발달한다. 보존 개념 중에서 무게에 대한 개념이 발달한다. 사물이 가지고 있는 특성에 따라 사물을 분류하는 것이 가능하다. 하지만 구체적 사물을 다루고 논리적·가설적·추상적 문제를 다루는 데에는 미숙한 단계다.
형식적 조작기 (11세~성인)	보존 개념 중에서 부피에 대한 개념은 10~15세쯤 발달한다. 인지 발달은 일생 동안 이루어지고 추상적인 개념에 대해서도 논리적으로 사고할 수 있는 시기이다. 전제에서 결론을 유도해낼 수 있는 가설 설정이 가능하여 예측을 할 수 있다.

로웬펠드의 아동화 발달 단계

로웬펠드는 어린이의 순차적 발달을 매우 중요하게 여겼다. 아이는 태어나 성장하면서 일정한 단계를 거쳐 발달한다. 어떤 단계로 나아가기 위해서는 반드시 그 전 단계를 거쳐야 한다. 그러므로 아이들의 일반적인 발달 단계를 정확하게 연구하고 그에 맞는 주제와 동기부여, 재료 등을 제공해야 한다.

난화기 (2~4세)	감각이 주변 환경과 처음 접촉을 통해 그림을 그리기 시작한다. 만지고 느끼고 보고 조작하고, 듣는 그림 그리기의 근본이 된다. 자아 표현의 최초 단계이다. 맹목적인 난화—팔의 움직임대로 선을 긋기 시작한다. 원 운동에 의해 크고 작은 원을 연속적으로 그린다. 그려진 형태에 이름을 붙이기 시작한다. 색은 의식적이기보다 손에 닿는 대로 잡아서 칠한다.
전도식기 (4~7세)	자기중심적—공간에서 항상 자신이 중심이 된다. 사람의 상징은 자신이 알고 있는 바에 근거하여 나타난다. 투시기법으로 보이는 것이 아닌 아는 것을 그림을 그린다. 공간적 배열과 같은 주위 환경의 관계에 대한 관심을 선 그림으로 나타낸다. 기하학적 선과 모양에 의존하기 시작한다. 주관에 의한 표현 도식을 산출한다.

도식기 (7~9세)	사물의 개념을 습득하는 시기다. 개인적인 도식은 일반화와 일반화를 보여주기 위해 사용되며 중요하지 않은 것은 생략하고 중요한 것은 과장한다. 도식으로부터 이탈하여 표현한다. 기저선, 태양 공간 구성에 대한 주관적인 표현으로 전개도식 표현, 평면과 정면이 혼합된 그림을 그린다. 투시법 등이 표현된다. 같은 그림 속에 다른 일들을 그리는 공존화 현상을 보인다. 사물에 대한 개념이 지각을 이룬다.
여명기 (9~12세)	자신감을 지각하는 시기다. 감추어진 부분을 나타내지 않고 형태를 중첩시키는 능력을 발휘한다. 선이 기하학적이기보다는 좀 더 사실적이 된다. 도식 표현이 사라지고 자기중심성과 주관적인 판단이 유보된다. 원근감이 나타난다. 또래집단에 흥미를 가지며 협동 작업을 한다.
의사실기 (12~14세)	합리적인 묘사다. 원근을 정확하게 표현한다. 사람의 모습은 보통 풍자화하며 개성을 발휘하지 않는다. 사물을 객관적으로 보는 경향이 강하고 명암, 음영 정밀 묘사로 분석하여 그린다. 관찰 묘사에 의존하고 3차원의 공간을 표현한다. 외계를 인식하는 지능에 비해 표현 기술이 따라가지 못한다. 시각형, 촉각형, 중간형을 분화한다. 상당수의 아동이 미술에 흥미를 잃는다.
결정기 (14~17세)	개성에 따라 세 개의 표현 유형이 결정되는 시기다. 외계를 인식하는 지능에 비해 표현 기술이 따라가지 못한다. 사실적 표현 경향이 짙어진다. 관찰 묘사에 의존하려고 한다. 3차원적 공간 표현이 나타난다.

엄마와 아이가 함께하는
미술치료 3단계

미술치료는 치료사의 역할이나 접근 방식에 따라서 치료 과정이 달라
질 수 있지만 보통 초기, 중기, 후기 3단계로 나누어 진행한다.

치료 초기에는 미술치료에 대한 흥미를 유발하고 미술활동에 대한 불
안감이나 부담감을 줄여줄 필요가 있다. 또한 자신에 대해서 알 수 있는
탐색 기법과 자기 인식을 위한 프로그램을 주로 사용하게 된다.

중기에는 자신의 감정을 적극적으로 표현할 수 있게 하고 그 외 대인
관계나 사회성에 중점을 둔 프로그램의 진행도 가능하다.

후기에는 미술치료의 전 회기를 정리하고 긍정적인 자기 인식을 위한
프로그램과 자신감을 향상시키는 프로그램이 진행된다.

초기 단계 : 엄마와 아이가 미술을 통해 친해지기

초기 단계에서는 아이가 미술활동에 흥미를 갖도록 한다. 엄마와 아이가 미술을 통해 친해지는 일을 목표로 한다. 아이가 원하는 재료를 선택하여 원하는 방법으로 생각과 감정을 표현할 수 있게 돕는다.

미술교육이나 미술활동과 미술치료와는 차이가 있다. 작품은 아이에 대한 평가의 도구가 아닌 이해의 도구여야 한다. 미술활동 중에나 마무리 후에 "○○야, 그림을 그릴 때 어떤 느낌이었어? 뭘 표현한 거지?" 등으로 대화를 이끌고 아이의 이야기를 듣는 과정이 매우 중요하다.

중기 단계 : 감정을 표출하고 긍정적인 자아 형성하기

중기는 표출 단계와 실천 단계로 나뉜다.

표출 단계는 아이가 미술활동을 하면서 자신의 감정을 숨기지 않고 표출하는 시기이다. 미술활동이 구체화되면 아이는 활동에 집중하면서 자신감과 성취감을 느낀다. 이때 부모는 아이에게 지시나 명령을 하지 말고 적절한 개입과 격려를 통해 스스로 활동을 주도해나갈 수 있도록 도와준다. 이러한 과정을 통해 아이는 엄마에게서 결핍되었던 사랑과 애정에 대한 욕구를 채운다.

실천 단계는 아이가 정체성, 자신에 대한 긍정적인 자아 개념을 갖는 시기이다. '나도 할 수 있다'라는 자신감과 성취감, 자긍심을 가지면 긍정적인 자아 개념 형성에 도움이 된다. 미술활동 후 자신의 작품에 애착을 보이면서, 미술활동을 통해 자신감과 성취감이 생기고 긍정적 자아 개념을 형성한 아이는 다른 사람을 배려할 수 있다.

후기 단계 : 정서적 안정감으로 통제력 기르기

후기 단계에서는 초기 단계에 미술치료를 통해 변화하고자 했던 목표를 성취하고, 부모와 아이는 초기에 비해 성장한 모습으로 만나게 된다. 즉, 아이는 자신에 대해 스스로를 긍정적으로 생각하는 새로운 개념을 형성한다. 정서적 안정감을 느끼면서 다른 사람을 배려하고 자신의 감정과 욕구를 스스로 통제할 수 있게 된다. 하지만 어른들처럼 항상 통제적이지는 못하므로 자연스럽게 성장할 수 있도록 기다려줘야 한다.

그림은 아이의 뇌 발달에 도움이 될까

그림은 아이들의 마음을 들여다보는 도구일 뿐 아니라 아이의 뇌를 균형 있게 발달시키는 역할을 한다.

유아기에는 학습보다 부모와의 교감이나 인성 교육이 중요한데, 조기교육 열풍이 거센 우리나라 학부모들은 뇌가 빠른 속도로 성장하는 유아기에 한글, 외국어, 수학 교육 같은 좌뇌를 개발하는 교육에 집중하는 경우가 많다. 그러나 너무 어려서부터 조기교육을 시작하면 뇌의 정상적인 발달에 방해를 받는다. 언어나 숫자 학습 위주의 좌뇌 편중 교육은 좌우뇌의 조화로운 발달을 막고 바람직한 인성을 갖추는 데 악영향을 미칠 수도 있다.

미술교육은 직관과 같은 감각적인 분야를 담당하는 우뇌 발달에 도움이 된다. 아이들은 그림을 그림으로써 사물을 정확히 관찰하고 색이나 형태를 세밀하게 감지한다. 양손을 고르게 사용함으로써 창의력, 사고력, 상상력, 양손의 협응력 등을 기를 수 있다. 예를 들어 보이지 않은 부분을 상상하여 그리기, 상황에 맞게 연상하여 그리기, 제시된 모양을 활용하여 그리기 등 특별한 소재를 제시하여 그림을 그리도록 하면 자연스럽게 체계적이고 합리적인 사고를 한다.

사람의 뇌는 3세에서 6세까지 전두엽 부위에서 신경회로 발달이 최고조에 이른다. 7~12세에는 부정엽과 측두엽으로 옮겨지고, 12세에서 15세 사이에는 후두엽으로 발달의 중심이 옮겨진다. 일반적으로 영재들에게서는 공통적으로 두정엽과 측두엽, 후두엽의 발달이 두드러진다.

이 시기의 미술교육은 단지 그림을 잘 그리는 데 있지 않다. 그림을 그린다는 것은 오감을 통해 받아들인 정보를 머릿속에서 조합하고 발전시킨 다음 손을 통해 다시 밖으로 내보내는 것이다. 아이들은 이 과정에서 감각기관의 정교한 감각 능력, 정보를 융합하고 추리하고 상상하며 사고하는 능력, 손을 통해 구체적인 형상으로 구현해내는 능력을 발전시키게 된다. 따라서 미술교육은 아이들이 잠재적인 창의성을 개발하는데도 도움이 되는 것이다.

좌뇌와 우뇌는 서로 분리되었지만 문제 해결과 사고를 위해 긴밀하게 연결되어 있다. 좌뇌는 언어를 주관하고 복잡하고 높은 단계의 개념을 하위 단계의 요소로 세분화하여 명확하게 정의한다. 분석적이며 비판적인 사고를 한다. 우뇌는 은유적이고 생산적이며 큰 구상의 사고를 한다. 좌뇌가 우세한 아이는 언어적·논리적·분석적인 과제를 제시할 때 빠른 학습을 한다. 우뇌에 우세한 아이는 예술성·감수성·창의성을 요구하는 과제에서 빠른 학습 능력을 보인다.

유아동 시기에는 뇌가 발달하는 과정이므로 아이들이 평소에 덜 사용하는 뇌를 의식적으로 쓰게 된다. 현명한 부모라면 잠재된 능력을 살리고 균형적인 뇌 발달을 할 수 있게끔 도와주어야 한다. 영어나 수학 과목에서 1점이라도 더 올리겠다고 안달복달하기보다 좌우뇌를 균형 있게 발달시키는 미술교육을 시작해보자.

아이의 좌뇌와 우뇌 발달시키기

좌뇌를 발달시키는 방법	우뇌를 발달시키는 방법
• 작품을 감상할 때 어떤 내용인지 분석하면서 구체적으로 감상한다. • 목표를 세워 작업을 진행한다. • 논리적인 의견이나 제안을 할 때 미리 연습한다. • 일기를 쓰는 습관을 기른다. • 명상으로 마음을 가라앉히고 문제의 해결점을 찾는다. • 메모를 하며 우선순위를 정한다.	• 상상을 창의력으로 연결시킨다. • 회화적 감각을 익히며 감각 훈련을 한다. • 이미지를 많이 보여준다. • 오감(시각, 청각, 미각, 후각, 촉각)의 경험을 많이 제공한다. • 자유롭고 풍부한 상상력으로 머리를 유연하게 활동시킨다. • 비논리적인 상상이나 공상 훈련을 한다.

엄마와 아이의 기질과 육아 스타일

기질은 성격의 타고난 특성과 유형을 말한다. 어린 시절의 성향이 나이가 든 뒤에도 영향을 받는 경향을 보이기도 하는데 그렇다고 해서 타고난 기질에 따라 아이의 인생이 결정되는 것은 아니다. 아이가 가진 기질을 잘 파악해 강점을 살리고 약점을 보완해 나가는 것이 올바른 양육법이라고 할 수 있다.

2세기 경 그리스의 의사 갈렌Galen은 4가지 체액을 기초로 인간의 기질을 다혈질, 점액질, 담즙질, 우울질로 나누었다. 20세기 중반 스텔라 체스와 알렉산더 토머스는 기질적 특성이 인생에 걸쳐 적응에 어떤 영향을 미치는지 연구해 아이들을 쉬운easy, 까다로운difficult, 느린slow-to-warm-up 이렇게 3가지 유형으로 나누었다. 이들은 아이의 기질을 잘 파악하여 적절한 양육을 하는 것은 아이의 기질이 성격 형성의 기초가 되므로 매우 중요하다고 봤다.

성격이 급한 엄마는 아이가 굼떠서 힘들다고 말하는 경우가 있는 반면, 아이가 예민해서 키우기 힘들다는 경우를 보면 엄마가 까다로울 때가 많다. 아이와 엄마의 코드가 맞지 않을 때 아이를 양육하는 엄마의 입장에서는 힘들다고 토로하는 경우가 많다. 하지만 이는 아이나 엄마의 문제가 아니라 엄마와 아이의 '기질' 차이인 경우가 대부분이다. 부모 입장에선 '내 자식은 내가 제일 잘 안다'고 확신하는 실수를 많이 한다. 아이에 대한 이해가 아닌 부모가 생각하는 틀에 맞추어 아이를 양육하려다 보면 부모가 원하는 것과 다른 반응을 보이는 아이 때문에 '우리 아이에게 문제가 있다'고 생각한다.

실제로 부모가 심각하다고 느끼는 문제가 다른 사람들이 보기엔 별 문제가 아닐 때가 있다. 부모 중심적인 양육 방식은 아이와 부모 모두에게 스트레스를 주고 관계를 악화시킨다. 따라서 부모 자신과 아이의 기질에 대해 이해한다면 육아를 좀 더 쉽게 할 수 있을 것이다.

순한 아이는 까다로운 아이에 비해서 비교적 양육이 수월하다. 이 때문에 부모는 아이에게 사랑을 많이 표현하고 사랑을 많이 받은 아이는 순한 기질이 더욱 강화된다. 순한 아이는 고집을 부리고 집착하기보다는 순응하며, 낯선 상황에서 두려움을 느끼기보다는 호기심을 가지고 접근한다. 타인과의 관계에서도 원만하게 관계를 잘 형성해 나간다. 그러나 우유부단한 성격으로 오히려 자존감이 낮아지고 쉽게 상처를 입을 수 있다.

앤드루 풀리Andrew Fuller에 의하면 까다로운 아이는 태어날 때부터 부정적인 감정을 조절하는 호르몬인 세로토닌에 차이가 있다. 이 때문에 자극의 반응성에 예민하다고 한다. 이러한 기질의 아이는 먹고 자는 것이 불규칙하거나 변화에 적응하기 힘들다. 자신이 원하는 것을 하지 못할 때 심하게 우는 등 감정 변화도 많다. 그렇기 때문에 어머니들은 아이 행동에 불안감을 갖고 양육에 어려움을 느낀다. 그러나 까다로운 아이들은 자신의 주장이 명확하고 우뇌 우세형으로 직관적이고 정서적으로 매우 발달해 있다.

느린 아이들은 겉보기에는 순한 아이처럼 보이지만 새로운 환경에 낯설어 하며 적응에 오랜 시간이 걸리고 회피하는 부정적인 모습이 나타난다. 더딘 기질을 가진 아이를 양육할 때 어머니는 아이들을 충분히 기다려주어야 한다. 우리 아이가 다른 아이들보다 늦거나 못한다고 불안해하지 말고 아이가 안정감을 느낄 수 있도록 충분한 시간을 주면 된다. 더딘 아이(느린 아이)들은 조금 느리지만 신중하기 때문에 다른 아이들보다 실수가 적은 편이다.

엄마는
우리집
미술치료사

그림 검사로 알아보는
내 아이의 속마음

엄마가 직접 하는 그림 검사

아이들의 그림에는 의식적, 무의식적 사고가 모두 담겨 있다. 자기 의사를 표현하는데 어려움을 느끼는 아이들에게 그림은 편안하고 안전한 도구다. 그림은 단순한 선과 도형만으로도 풍부한 표현이 가능하므로 자신의 감정이나 내면을 언어로 표현할 때보다 상대방에게 훨씬 자연스럽게 전달할 수 있다. 따라서 그림은 엄마가 아이의 마음을 이해하고 아이와의 연결고리로 사용하는 최고의 소통 방법이 될 수 있다.

가정에서 엄마가 직접 아이가 그린 그림으로 아이의 심리 상태를 파악하려고 할 때, 즉 그림 검사를 진행할 때는 그림을 잘 그리는 게 중요

8세 여자아이가 집-나무-사람을 함께 그린 그림   8세 남자아이가 가족과 함께한 모습을 그린 그림

하지 않다. 아이에게 잘 그린 그림을 강요해서는 안 된다. 아이가 편안
해하는 환경을 만들어 자연스럽게 그림을 그리게 해야 한다. 만약 아이
가 그림 그리기를 거부한다면 검사를 강행하지 말고 부담도 주지 말아
야 한다. 무엇보다도 검사를 진행하는 동안에는 중립적인 태도를 지키
고 지시 사항을 자의적으로 바꾸지 않도록 한다. 아이가 그림을 그리면
서 보이는 행동과 특징을 세심하게 관찰할 필요가 있다.

내 아이의 그림 이해하기

그림 검사를 진행할 때에는 전체적인 인상, 조화, 구조, 이상한 곳은 없
는가에 주목하여 사람을 어떤 모양으로 그렸는지 주의 깊게 살펴봐야
한다. 그림 속 상징으로만 아이의 마음을 알 수는 없다. 그림을 그린 후
에 아이가 무엇을 그렸는지 주목하여 특징적인 요소들을 먼저 다루어

야 한다. 여러 가지 질문을 통해 아이가 그린 그림을 파악하여 어떻게 그렸는지 분석한다. 그림을 해석할 때에는 아이의 연령·환경·상황·성격과 그림을 그릴 때의 모습, 그림을 그리는 순서, 위치, 크기, 필압, 선의 농담, 대칭성, 운동성, 원근법, 음영, 생략한 것, 지운 것, 그림을 그리는 데 소요되는 시간 등을 체크해야 한다.

아이가 그림을 다 그린 후에는 그림에 대해 질문을 하며 아이의 그림에 포함된 독특한 의미와 문제를 파악한다. 아이의 그림을 평가하기 위해 질문하는 것이 아니라 그림에 대한 의미와 아이의 심리 상태를 알아보기 위한 것이므로 특별히 정해진 형식은 없다. 보다 정확한 분석을 하려면 질문을 통해 그림 속에 숨은 의미를 파악하는 것이 좋다.

아이의 심리는 한 가지 그림 검사만으로는 완전히 분석할 수 없다. 정확한 해석을 위해서는 여러 심리 검사와 아이의 태도, 행동 질문에 대한 답변을 포함한 그림의 형태, 내용 분석을 종합해야 한다.

중요한 것은 그림이 완성된 다음에 엄마와 아이가 함께 대화를 나누는 것이다. 이때 엄마는 아이가 편안한 마음으로 속마음을 솔직하게 말할 수 있도록 대화를 이끌어야 한다. 비판을 하거나 말을 끊고 옳고 그름을 판단해서는 안 된다. 흥미롭게 그림에 대한 이야기를 나눔으로써 아이의 마음을 읽고 잠재된 불안과 두려움, 트라우마를 해소하는 시간으로 삼도록 하자.

내 아이는 자신을
어떤 사람이라고 생각할까

전문적인 미술치료사가 아니더라도 가정에서 손쉽게 할 수 있는 그림 검사로는 심리학자 존 벅John N. Buck이 프로이트의 정신분석을 바탕으로 개발한 HTP검사가 있다. HTP는 'House, Tree, Person'의 약자이며, 집, 나무, 사람을 각각의 종이에 그리도록 하는 그림 검사법이다. 집 그림에는 아이의 물리적인 생활환경과 대인관계에 대한 태도가 나타나고, 나무 그림에는 아이의 무의식적인 심리적·신체적 자아 개념이 나타나며, 사람 그림에는 아이가 사회적인 관계 속에서 자신을 어떤 사람이라고 느끼는지 나타난다.

심리학자 로버트 번즈Robert C. Burns는 집, 나무, 사람을 따로따로 그리지 않고 한 장에 모두 그리게 함으로써 세 영역의 상호관계를 파악하는 검사를 시도했다. 이는 HTP검사에 동작성_{Kinetic}을 가미한 것으로, KHTP검사_{Kinetic House Tree Person}라고 한다.

KHTP검사는 다음 순서에 따라 엄마와 아이가 1:1로 진행하는 것이 좋으며, 아이가 그림을 그리는 동안 보이는 행동 특징을 잘 관찰하며 실시하도록 한다. 그림을 그릴 때 지나치게 빨리 충동적으로 그리거나 망설이면서 그림을 그리지 못하는지, 어느 특정 부분을 유난히 지우고 다시 그리기를 반복하는지 등 아이가 보이는 행동의 특성은 그림에 나타난 상징적 표현 못지않게 중요한 의미가 있기 때문이다.

○ 그림 검사 진행하기

1. 4B연필, 지우개, 8절 도화지 또는 A4용지를 준비한다.

2. 준비한 종이를 가로로 놓고 그림을 그리도록 한다.

3. 아이에게 다음과 같이 그림을 그리도록 한다.
 "집과 나무 한 그루를 그리고 뭔가를 하고 있는 사람을 그려보
 자. 사람을 그릴 때는 만화 캐릭터나 막대 모양으로 그리지 말
 고 완전한 모습으로 그려야 해."

4. 그림에 대해 질문하며 아이와 이야기를 나눈다.

○ 그림을 보고 아이에게 질문하기

그림의 전체적인 느낌은 어떠니?

집은 누구의 집이니?

집에는 누가 살고 있을까?

집에 들어가면 기분이 어떨까?

이 사람을 보면 누가 생각나니?

이 사람은 누구일까?

이 사람은 몇 살일까?

이 사람은 무엇을 하고 있을까?

이 사람의 기분은 어떨까?

나무는 살아 있는 나무니? 아니면 죽어 있는 나무니?

나무는 어떤 종류의 나무일까?

나무가 마음에 드니?

아이의 집-나무-사람 그림 이해하기

KHTP검사는 집, 나무, 사람을 한 장에 모두 그리는 것이다. 아이가 집, 나무, 사람 중 무엇을 가장 크게 그렸는지, 나무는 집과 사람에게서 얼마나 떨어져 있는지 등 각각의 요소 간의 관계를 통해 아이가 가지고 있는 내면의 생각을 전체적으로 볼 수 있다. 여기서는 각각의 요소가 상징하는 바를 해석하는 방법을 알아보겠다. 집, 나무, 사람 그림 간의 상호작용이 나타내는 바는 아이들의 실제 그림을 보면서 설명할 것이다.

집 그림으로 마음 읽기

집은 아이가 느끼는 가정생활의 물리적인 환경과 대인관계, 미래의
가정에 대한 소망이나 과거의 가정에 대한 추억이나 기억을 나타낸다.
아이가 그린 집 그림을 자세히 보면서 아이의 마음에 귀 기울여 본다.

●● 굴뚝

굴뚝은 친밀한 인간관계에서의 따뜻함과 남성 성기를 상징하기도 한
다. 굴뚝에서 연기가 나오기도 하는데 연기가 진하고 많이 나오는 것
은 가정 내의 갈등과 정서의 혼란을 나타낸다.

●● 문

문은 환경과의 직접적인 상호작용과 대인관계에 대한 태도를 보여준
다. 경첩이나 문고리를 강조한다면 편집성이나 방어적 민감성을 드러
낸다고 할 수 있다. 지나치게 크게 그린 문은 적극적인 환경과의 접촉
을 통해 타인에게 인상적인 존재가 되고 싶은 욕구의 표현이다.

●● 창문

창문은 아이가 세상을 내다보고 타인이 집 안을 들여다보는 통로이므
로 아이가 대인관계에서 겪는 경험과 느낌이다. 창문이 없는 집은 다
른 사람과의 관계에서 폐쇄적이거나 외부에 대해 무관심하고 다른 사
람을 의심하는 경향이 있음을 의미한다. 창문에 격자가 많이 있다면
아이가 외부에 대해 회의적이고 경계한다고 해석할 수 있다. 반대로

창문을 많이 그렸다면 다른 사람에게 개방적이거나 사회적 환경과 접촉하기를 원하는 것으로 볼 수 있다. 커튼이 있는 창문은 아름다운 가정에 관심을 보이는 마음이다. 완전히 닫힌 커튼은 환경과 접촉하지 않으려는 경향을 나타내며, 반 정도 열려 있는 커튼은 환경과 통제된 교류를 나타낸다.

●● 지붕

지붕은 아이가 가진 생각이나 상상력을 반영하고 무의식중에 가족에게 느끼는 안정감을 드러낸다. 아이가 지붕을 지나치게 크게 그렸다면 대인관계에서 문제가 있거나 지나친 공상을 할 가능성이 있다. 반면에 지붕이 없거나 선 하나만으로 표현했다면 상상력이 부족하거나 성격이 위축되었음을 의미한다. 지붕을 지나치게 화려한 장식으로 그린 것은 아이에게 허영심이 있거나 욕심이 많은 심리 상태를 표현한 것일 수 있다. 지붕의 윤곽만을 반복해서 그렸다면 두려움이나 불안감의 표출일 수 있다.

●● 벽

집 그림에서 벽은 외부로부터의 보호와 자아통제력과 연관이 있다. 벽돌집처럼 튼튼한 벽은 강한 자아를 드러내고, 반대로 벽의 두께가 얇다면 아이의 자아가 약하고 상처받기 쉽다는 것을 의미한다. 아이가 벽을 그릴 때 경계선을 반복해서 강조한다면 자기를 통제하려는 욕구가 강하고 완전함을 추구하는 성향이 있는 것이다. 정면으로 보이는 벽 옆에 또 다른 벽을 그렸다면 자기 방어적인 성향이 강할 수 있다.

집 그림에서 벽을 부서지게 그렸다면 아이가 융화되지 못하는 성격을 지닌 것이거나 가정에 대한 불안감을 표현한 것일 수 있다. 집의 한쪽 부분에만 벽을 그렸다면 아이의 반항성이나 우울감, 도피적 사고가 드러난 것일 수 있다.

●◦ **계단**

타인과 접촉하고 관계를 맺고 있고 싶은 마음을 표현한 것이다.

나무 그림으로 마음 읽기

나무는 아이의 무의식적인 심리적·신체적 자아상을 드러낸다. 어렸을 때의 자아상은 어른이 되어서도 중요한 영향을 미칠 수 있다. 자녀의 내면을 깊이 이해하고 보듬어주는 기회로 삼도록 하자.

●◦ **뿌리**

뿌리는 아이가 가족에게서 얻는 근본적인 안정감에 대한 내적인 이해를 표현한다. 아이가 뿌리를 그린 다음 죽은 뿌리라고 말한다면 이는 어렸을 때의 생활에서 강박적이고 우울했던 경험을 표현한 것이다. 종이의 가장자리에 나무뿌리를 그린 것은 불안정함에 대해 염려하고 있고 안정에 대한 욕구가 있음을 의미한다. 뿌리가 길고 크다면 상실한 것들에 대한 보상심리를 나타낸다.

●● 줄기

나무줄기는 현재 상황에서 아이의 모습을 말해준다. 성장과 발달에 있어서 아이의 에너지, 생명력, 생활에서 느끼는 감정 등을 반영한다. 줄기를 그린 그림에서 아이가 지닌 성격 구조가 얼마나 견고한지 알 수 있다. 줄기에 짙게 음영이 있으면 불안감을 드러내는 것이다. 음영을 희미하게 그리는 아이는 수동적인 성향이 있음을 의미한다. 나무줄기에 있는 상처들은 외상 경험을 나타낸다. 줄기가 가늘고 수관이 지나치게 큰 경우는 완전한 만족을 위해 마음의 안정을 상실한 상태다.

●● 수피

수피는 자신과 외부와 타인과의 접촉을 의미한다. 나무껍질을 검게 칠한 것은 외부 환경에 대한 긴장감과 우울함, 불안을 말한다. 나무껍질을 상세하게 그렸다면 환경과의 관계에 강한 관심을 표현한 것이다.

●● 가지

가지는 아이가 환경에 만족하는지, 대처 능력과 삶에서 성취하고자 하는 소망에 대한 노력과 태도, 가능성, 적응성 능을 어떻게 보는지를 보여준다. 가지를 지나칠 정도로 정확하게 좌우 대칭으로 표현한다면 강박적인 성향이 있음을 나타낸다. 꺾인 가지는 육체적·심리적으로 상처받은 일에 대한 후유증과 불안한 심리 상태를 의미한다. 죽은 가지는 상실감과 공허감을 나타내며 버드나무와 같이 아래쪽으로 처진 가지는 과거에 대한 집착이나 우울증이 있음을 나타낸다. 또한 위로 뻗어 올라간 가지는 주어진 환경 속에서 기회를 찾으려는 아이의 의지다. 그러나 아이가 줄기보다 가지를 지나치게 크게 그렸다면 자신의 환경에서 만족을 얻기 위해 과도하게 노력하고 있다는 뜻이다.

●● **기타**

열매는 강한 의존 욕구, 꽃은 외면적인 체면, 잎은 외견이나 장식, 활력을 말한다. 열매, 과일, 잎 등이 떨어지는 모습은 자기가 거부당하고 있다는 감정을 드러내는 것이다. 잎이 떨어지는 모습은 감수성이 풍부하고 자기를 과시하는 마음이 있다는 표현이다. 나무 주위에 풀이 풍성하다면 아이가 정서적으로 안정되고 감수성도 풍부하다는 것을 의미한다. 나무에 있는 다람쥐는 어떤 행동을 했을 때 통제당한 경험이나 박탈당한 경험을 나타낸다. 구멍 속에 동물을 그린다면 아이의 의존적인 성격과 보호받고 싶은 욕구를 표현한 것이다. 가지 위의 새는 세상에 대한 호기심을 의미하고 때로는 위축되어 있음을 말한다. 날아다니는 새는 자유롭고 싶은 갈망을 표현한 것이다.

사람 그림으로 마음 읽기

사람은 우리 아이의 의식화된 자아상을 드러낸다. 그림으로 표현된 사람의 성격이라든지 감정을 직접적으로 드러낸다.

● 사람의 성별

처음에는 보통 자신과 동성인 사람을 그린다. 아이가 이성을 먼저 그린다면 이성에 대한 성적 관심이 강하거나 아직 성 개념이 확실하지 않을 수 있다.

● 머리

사람 그림에서 머리는 아이의 인지적 능력, 지적 능력, 공상 활동, 자기 통제, 대인관계 등에 대한 정보를 준다. 보통 7세 이하의 아이가 그림을 그릴 때 머리를 크게 표현한다. 그러나 아이가 머리를 지나치게 크게 그린다면 자신에 대해 과대평가하거나 높고 원대한 열망이 있거나 또는 체격에 대해 불만이 있음을 의미한다. 머리의 크기가 지나치게 작다면 열등감이나 무기력함이 있음을 나타낸다. 머리카락은 여성스러움과 외모에 대한 관심, 여성적 충동을 상징한다. 머리카락이 없거나 부적절하게 표현한 그림은 아이의 신체적인 활력이 떨어졌음을 의미한다. 머리카락에 웨이브가 있고 매력적인 모습이라면 스스로에 대해 만족감이 높을 수 있다.

● 얼굴

얼굴은 현실과의 접촉을 말한다. 아이가 그림에서 얼굴의 상세한 부분을 표현하지 않거나 부적절하게 그렸다면 다른 사람과의 관계가 분명하지 않고 피상적일 수 있다.
아이가 눈을 생략한 것은 외부에 대해 회피하고 거부하고 있음을 상징한다. 지나치게 눈을 강조하여 그리거나 크게 그렸다면 다른 사람이 자신을 어떻게 보는지에 대하여 민감하고, 의심이 많을 수 있다. 그림에서 눈을 감았거나 크기가 작다면 아이의 성향이 내향적이고 자신에게 도취되어 있음을 알 수 있다. 눈동자 없이 텅 빈 눈을 그렸다면 환경이나 타인과의 관계에 관심이 없고 마음이 공허하다는 것을 나타낸다.

귀를 강조한 것은 아이가 남의 비평에 대해 민감함을 뜻한다. 코를 강조한 그림에서는 성적인 어려움, 부적절감을 갖고 있음을 엿볼 수 있다. 입은 말로써 타인과 접촉하는 곳으로 관계에 있어서 적극성과 공격성, 성적인 상징을 나타낸다. 입을 강조해서 그렸다면 퇴행을 의미하고, 입을 생략했다면 타인과의 의사소통을 원하지 않거나 우울함을 표현한 것이다.

●● **목**

사람의 신체에서 목은 이성과 감정 사이의 상징적인 연결 부분이다. 목을 그리지 않는 것은 아이의 통제력이 결여되어 있음을 알려준다. 길고 가는 목은 의존적인 성격을 의미하고, 짧고 굵은 목은 충동적·행동적 성격을 나타낸다.

●● **팔**

팔은 외부 환경과 직접적인 접촉을 하는 부분으로 아이가 처한 환경에 어떻게 상호작용하는지, 어떻게 대처하고 욕구를 충족하는지를 알 수 있다. 아이가 두 팔을 모두 그리지 않은 경우는 아이의 마음이 매우 우울하고 위축되어 있으며, 무력감이 만연해 있다는 뜻이다.

그림에서 팔이 길고 크다면 아이가 타인을 지배하고자 하는 욕구나 공격성이 있을 수 있고, 팔이 짧고 작다면 아이의 성격이 수동적이고 억제되어 있을 수 있다. 또한 팔을 길게 늘어뜨린 모습은 수동적이고 의존적이며 억압되고 긴장된 상태임을 드러낸다.

●● 손

손은 세상과의 교류를 나타낸다. 그림에서 손을 그리지 않았다면 아이가 다른 사람과의 교류에서 부적절한 경험을 했거나 불안감을 느낀다는 표현이다. 손을 유독 진한 음영으로 표현한다면 공격성이나 절도 등 손 사용에 대한 죄책감이다. 주머니에 손을 넣고 있다면 아이의 모순된 감정을 드러내거나 회피하고 싶은 심정을 의미한다. 손을 크게 그렸다면 아이가 산만하고 부산하게 움직이며, 과잉행동이 있다고 볼 수 있다.

●● 발과 다리

그림에서 발과 다리는 자율성과 안정감을 나타낸다. 발가락을 표현하는 것은 병적인 징표를 드러낸 것이기도 하다. 아이가 다리를 그리지 않았다면 실제 아이가 처한 현실에서 위축되어 자신감이 부족할 수 있다. 길게 그린 다리는 독립에 대한 욕구나 과잉행동을 나타낸다.

●● 몸통

그림 속 사람에게 몸통이 나타나지 않으면 자신의 신체상을 상실하고 있거나 신체적 움직임을 부인하는 것이다. 현저하게 작게 그린 몸통은 신체적 에너지의 결핍을 드러낸다. 둥근 몸통은 공격성이 약하고 아직 발달하지 않은 영성적 경향을 말한다. 모난 것을 지나치게 강조한 것은 외부세계에 대한 적의를 품고 있으며 방어적인 태도를 가지고 있음을 뜻한다.

●● 기타

의복을 통해 신체가 보이도록 그리는 것은 현실 검증력의 저하, 심리적·기질적 원인으로 인한 성격장애를 보여준다. 단추는 어머니에 대한 의존과 유아적 부적힙한 성격을 나타낸다. 신발은 여성다움을 드러내며 커다란 신발은 안전에 대한 요구를 상징한다.

동생이 싫어요

8세 남자아이

평소 동생과 사이가 좋지 않은 초등학교 1학년 남자아이의 그림이다. 칼을 들고 있는 인물은 자신이며 오른쪽은 여동생이라고 한다. 가시 같은 손톱과 발톱, 화난 얼굴 표정을 통해서 현재 자신의 기분과 공격성을 드러낸다. 이러한 표현은 동생을 싫어하는 마음에서 생긴 것이다. 가족들이 동생만 예뻐한다고 생각해 동생을 없애야 한다고 말한다. 오른쪽에 집을 얼굴 표정으로 나타냈고 문은 그리지 않았다. 가족과 외부 환경과 소통하는 문을 생략했다는 것은 아이가 현재 가족 내에서 안정감을 느끼지 못한다는 뜻이다. 하단에는 집을 건너뛰고 지면선을 그렸다. 이를 통해 아이의 스트레스가 가정에서 비롯된다는 것을 유추할 수 있다. 가지가 없고 기둥이 얇은 나무는 연약한 자아상을 뜻하며 자신을 보호하기 위해서 공격성을 드러낸 것으로 보인다.

내가 본 우리 가족

7세 여자아이

아이는 아빠와 손을 잡고 가족 모두 어딘가 가는 모습을 그림으로 그렸다. 자신은 매우 기분이 좋은 상태다. 엄마는 음식을 챙기고 있고 동생도 기분이 좋다고 설명한다. 전반적으로 가족 구성원이 상호작용을 하고 있다. 아빠와 자신은 손잡고 있는 것으로 보아 아빠와의 관계가 밀접하지만 동생은 지우고 다시 그린 흔적으로 보아 동생과의 관계는 원활하지 못한 것으로 보인다. 동생은 다른 가족들에 비해 상대적으로 크기가 작고 몸통을 완전하게 그려 넣지 않았다. 나무의 열매가 3개만 나타난 것에서도 동생에 대한 부정적 감정이 내재되어 있다고 유추할 수 있다. 집 그림에서는 창문과 문이 상단으로 올라가 있고 아버지의 발을 생략했다. 다른 가족 구성원의 발을 눈에 띄게 작게 묘사한 점은 가족 및 환경과의 소통이 원활하지 않고 그로 인해 불안정함을 표현한 것이다.

내 아이에게 가족은
어떤 모습일까

가족은 아이들의 그림에서 단골로 등장하는 소재이다. 아이들은 가족 구성원의 실제 모습을 그리기도 하고 자신이 소망하는 모습을 그리기도 한다.

내 아이가 우리 가족을 어떻게 생각하는지 알고 싶다면 가족들이 뭔가 하고 있는 모습을 그려보게 하는 KFD검사Kinetic Family Drawings를 진행하면 된다. 심리학자 로버트 번즈와 하버드 카우프만Harvard Kaufman이 개발한 KFD검사로는 아이가 심리적으로 느끼는 가족의 상황이나 가족 구성원 간의 관계를 파악할 수 있다.

가족 그림을 통해 아이가 가족의 중심을 누구로 생각하는지, 부모를 권위적으로 느끼는지 친근하게 느끼는지, 누구와 갈등이 있는지, 아이가 가족에게 소속감을 느끼는지 아니면 소외감을 느끼는지 등을 알 수 있다면 아이의 태도와 감정을 이해하는 데 도움이 될 것이다.

KFD검사를 하다 보면 부모와 아이가 함께 경험한 사건이나 상황에 대해 부모의 기억과 아이의 기억에 차이가 날 때가 있는데 이때는 사실을 바로잡으려 하지 말고 아이가 그리는 대로 지켜보도록 한다.

그림을 그리다 아이가 그림에 대해 질문을 한다면 "네가 표현하고 싶은 대로 그려도 돼"라고 말하며, 아이가 최대한 표현하고 싶은 대로 그릴 수 있도록 지켜봐주는 것이 중요하다.

○ 그림 검사 진행하기

1. 4B연필, 지우개, 8절 도화지 또는 A4용지를 준비한다.

2. 준비한 종이를 가로로 놓고 그림을 그리도록 한다.

3. 아이에게 다음과 같이 지시한다.
   "우리 가족이 뭔가 하고 있는 모습을 그려보자. 너도 포함시켜서 그려야 해. 사람을 그릴 때는 만화 캐릭터나 막대 모양으로 그리지 말고 완전한 모습으로 그려야 해."

4. 그림을 다 그리면 어떤 순서로 가족을 그렸는지 기록한다.

5. 그림에 대해 질문하며 아이와 이야기를 나눈다.

○ 그림을 보고 아이에게 질문하기

가족이 무엇을 하고 있니?

가족에게 이런 모습이 흔한 모습이니?

그림에서 너의 기분은 어떠니?

(함께 사는 가족인데 그림에서 제외되었다면) ○○는 지금 여기 없지만, 어디서 무엇을 하고 있니?

(함께 살고 있지 않은 가족인데 그림에 있다면) 이 사람은 누구니?

함께 있으면 기분이 어떠니?

그림에 더 그려주고 싶은 것이 있니?

그리고 싶은 대로 그려졌니?

그리기 어렵거나 잘 안 그려진 부분이 있니?

(이해하기 힘든 부분에 대해) 뭘 그린 거니?

이렇게 그리고 싶었던 이유가 있니?

아이의 가족 그림 이해하기

KFD검사에서는 아이가 가족(사람)을 어떻게 묘사했는지 못지않게 가족의 행동, 가족 구성원 간의 상호작용, 그림의 양식 등을 잘 살펴봐야 한다.

● 가족의 행동

가족이 한 공간에 있고 같은 행동을 하는 모습을 그렸다면 가족 간의 상호작용이 잘 된다는 의미이다. 아이가 경험하지 않은 일을 그렸다면 아이의 소망을 표현한 것이다. 가족이 한 공간에 있지만 각자 다른 행동을 하고 있거나 서로 다른 공간에서 각각 다른 행동을 하더라도 가족의 일상생활을 그린 것일 수도 있다. 무조건 가족 간의 정서적 상호작용이 안 된다고 단정 짓지 않도록 주의해야 한다.

●● 그림의 양식

아이가 하나 또는 그 이상의 직선이나 곡선을 사용하여 가족 구성원을 의도적으로 분리해서 그릴 수 있다. 이런 그림은 가족 내에 솔직한 대화가 없거나 성격이 내성적이고 심리적으로 위축된 아이의 그림에서 많이 볼 수 있다. 가족 간에 감정 교류가 단절되고 가족 주변을 선으로 둘러싸듯 그렸다면 아이가 개방적이지 않고 불안과 공포 때문에 자신을 외부와 단절시키려는 마음이 있음을 뜻한다.

간혹 그림에 아이 자신이 없을 수 있는데 이는 가족에 포함되고 싶지 않다는 표현이다. 아이 자신이나 혹은 특정한 가족 구성원에 대해서 불안감이 강할 때에는 그 사람 아래에 선을 긋기도 한다. 종이의 윗부분에 가로로 길게 하나 이상의 선을 그렸다면, 아이의 마음속에 불안 또는 걱정이나 공포가 있는 상태로 볼 수 있다. 반면에 종이의 아랫부분에 가로로 길게 선을 그렸다면, 아이에게 안정감이 필요할 수도 있다.

가족 간 상호작용

가족이 그려진 순서와 크기, 거리와 위치, 생략 등을 통해서 아이가 가족 구성원 간 느끼는 감정을 전체적인 맥락에서 파악할 수 있다. 가족이 그려진 순서는 가족 내에서의 서열이나 지배력을 반영한다. 아이에게 의미 있는 대상을 표현한 것이다. 아이 자신을 먼저 그린다면 아이가 자기주장이 강하거나 자신이 가정 내에서 중요한 존재라는 생각이 반영된 것이다.

가족 구성원의 크기는 가족 내에서 그 사람이 얼마나 힘이 있고 중요한지를 보여준다. 크게 그려진 구성원은 가족 중에서 영향력이 있고 존경받는 대상이며, 긍정적으로든 부정적으로든 가족의 중심에 있음을 뜻한다. 반면에 작게 그려진 구성원은 중요도가 떨어지는 대상으로 해석된다. 가족 간 거리는 아이가 본 구성원 사이의 친밀한 정도나 감정적인 거리다. 두 구성원이 서로 가깝거나 접촉하고 있을 때는 둘 사이에 친밀함이 존재하고 있음을 의미한다. 반대로 거리가 멀다면 구성원끼리 상호작용이나 의사소통이 원활하지 않을 수 있다.

함께 사는 가족인데 그림에서 빠져 있다면 아이와 구성원 간에 갈등이 있음을 말한다. 가족이 아닌 타인을 그렸다면 그 사람은 아이를 잘 이해해주거나 아이에게 중요한 의미가 있는 사람이다.

가족의 특징

가족 그림은 사람이 주제가 되기 때문에 가족 구성원 각각의 특징이 묘사된다. 대체로 사실적으로 표현하지만 때론 실제와 달리 마음속으로 원하는 형태를 그리기도 한다. 가족 개개인에 대한 해석은 '사람 그림으로 마음 읽기(85쪽)의' 설명을 참고하면 된다.

●● 상징

아이가 보편적으로 그리는 사물에 공통된 의미를 부여하여 만들어낸 것이 상징이다. 공격성·경쟁심은 공이나 그 밖에 던지는 물체, 빗자루, 먼지떨이 등으로 나타난다. 애정·온화·희망은 태양이나 전등, 난로 등 적절한 열과 빛으로 표현된다. 적당한 크기의 태양이나 난로의 불꽃은 화목하고 따뜻하며 우호적인 가족관계를 뜻하지만 크기가 지나치게 크다면 공격성이나 파괴 증오심을 표현했다고 볼 수 있다.

분노·거부·적대감은 칼, 총, 날카로운 물체, 불, 폭발물 등으로 나타난다. 이런 상징들을 많이 그린다면 공격적인 성향을 지닌 아이로 클수 있다. 자전거와 오토바이, 차, 기차, 비행기 중에서 자전거를 제외한 나머지는 모두 힘의 과시를 상징한다. 물과 관계된 비, 바다, 호수, 강 등은 우울함과 억울함을 상징한다.

엄마 아빠는 바빠요

8세 남자아이

아이가 그린 가족 그림에서 부모와 자녀들이 다른 공간에 있다. 왼쪽에 있는 인물이 자신이고 가장 진하게 묘사한 인물은 큰형이다. 부모님이 안 계실 때 마음대로 하는 형에 대한 부정적 감정이 강한 필압으로 드러나고 있다.

이 그림의 특징은 공간을 구분한 것과 인물들의 손과 발이 없다는 것이다. 두 가지 모두 가족 내의 소통이 원활하지 않음을 나타내며, 맞벌이를 하는 부모의 양육이 올바르지 않음을 알 수 있다. 집 안의 모습을 혼란스러운 선으로 묘사한 것은 현재 가족 구성원들로 인해 스트레스를 받고 있는 것으로 보인다. 아이는 그림으로 자신의 감정을 표출하고 있으며, 가족관계의 회복과 내면의 감정 정화를 경험하게 해주어야 한다.

나를 더 사랑해주세요

8세 여자아이

아이는 가족들과 원활한 관계를 이루고 있고 자신의 가족에 대해서 만족감을 드러내고 있다. 그러나 부모가 자신에게 애정을 더 기울여줬으면 하는 바람을 표현하고 있기도 하다. 그림의 중심에 자신을 그려서 가족의 주목을 받고자 하지만, 엄마는 어린 동생을 보고 있고 아빠는 의자에 앉아 쉬고 있다.

하단의 나무에는 2개의 구멍이 있고 더 마음에 드는 나무에는 열매가 달려 있다. 나무의 구멍은 갑자기 생긴 구멍이라고 하며 회피하는 모습을 보였다. 이는 동생이 태어남과 동시에 사랑을 빼앗겼다는 생각에서 비롯된 퇴행적 표현이다. 자신은 열심히 주목을 끌려고 하지만 부모의 시선은 다른 방향을 향하고 있다. 텅 빈 눈은 환경 인식에 관심이 없는 상태임을 뜻한다. 부모의 관심과 애정이 자신을 향하고 있지 않음을 알 수 있다. 이 아이에게는 가족과 소통하는 기회를 많이 제공하고, 자신이 사랑받고 있다고 느끼게 해주어야 한다.

행복한 우리 가족

10세 여자아이

가족들은 모두 모여 손을 잡고 있고 같은 공간 안에서 모두 기분이 좋아 보인다. 이 아이는 평소 가족들과 많은 시간을 보내며 안정적인 가정에서 자랐다. 투시적 표현으로 집 안에서 가족들이 함께 모여 있는 것을 그렸다. 자신을 중심으로 가족들이 있고 모든 가족이 연결되어 있는 것으로 보아 가족 내 상호작용이 원활하다. 긍정적인 에너지가 느껴진다.

내 아이의 학교생활은
어떤 모습일까

아이가 학교생활을 잘하고 있는지 알고 싶다면 학교에서 뭔가 하고 있는 모습을 그려보게 하는 KSD검사Kinetic School Drawings를 진행하면 된다. 심리학자 하워드 크노프Howard M. Knoff와 톰슨 프라우트Thompson Prout가 개발한 KSD검사는 아이가 학교에서 선생님, 친구들과 뭔가 하고 있는 모습을 그리게 한다.

어떤 아이는 유치원이나 학교에서 있었던 일이나 감정을 부모에게 숨김없이 말하지만 어떤 아이는 잘 말하지 않거나 부모가 물어보면 마지못해 대답한다. 이럴 때 꼬치꼬치 캐묻기보다는 학교생활을 그림으로 그려보게 한다. 그림을 그릴 때 아이는 자신을 방어하지 않고 그림에 감정을 표현하므로 아이의 학교생활을 이해하는 데 도움이 된다.

학교생활 그림은 아이가 학교에서 생활하는 데 있어 어떤 부분이 어려운지 또는 즐거운지, 아이의 심리 상태가 아이 행동에 어떤 영향을 주며, 또래나 선생님과의 관계 형성에는 어떤 영향을 주는지를 파악하는 데 훌륭한 도구로 활용할 수 있다.

KSD검사를 할 때 주의할 점은 아이가 표현하는 친구나 선생님에 대한 감정이 주관적이라는 것이다. 엄마는 아이가 그린 학교생활 그림에서 객관적인 사실을 파악하기보다 그림에서 표현된 일을 경험했을 때 아이의 감정이 어떠했을지 아이의 입장에서 공감하는 것이 중요하다.

○　　그림 검사 진행하기

1. 4B연필, 지우개, 8절 도화지 또는 A4용지를 준비한다.

2. 준비한 종이를 가로로 놓고 그림을 그리도록 한다.

3. 아이에게 다음과 같이 지시한다.

　"학교에서 선생님, 친구들과 뭔가 하고 있는 모습을 그려보자. 너도 포함시켜서 그려야 해. 사람을 그릴 때는 만화 캐릭터나 막대 모양으로 그리지 말고 완전한 모습으로 그려야 해. 그림에 색깔을 칠하고 싶으면 그렇게 해."

4. 그림을 다 그리면 그린 순서와 그림 속의 인물이 누구인지 간단히 적어본다.

5. 아이에게 그림에 대해 질문하며 이야기 나눈다.

○   그림을 보고 아이에게 질문하기

학교와 선생님이 무엇을 하고 있니?

친구와 선생님이 무엇을 하고 있니?

친구들은 뭐라고 했니? 친구들 기분은 어땠어?

선생님은 뭐라고 하셨니? 선생님 기분은 어떠신 것 같았어?

그림에 없는 다른 친구들은 무엇을 하고 있니?

그림에 더 그려 넣고 싶은 것이 있니?

네가 그리고 싶은 대로 잘 그려졌니?

그리기 어렵거나 잘 안 그려진 부분이 있니?

(이해하기 힘든 부분에 대해) 무엇을 그린 거니?

이것을 그리고 싶었던 이유가 있니?

아이의 학교생활 그림 이해하기

KSD검사를 진행하며 그린 학교생활 그림의 양식과 상징, 등장한 사람 및 등장한 사람 간의 상호작용을 이해할 때는 앞에 나온 '아이의 가족 그림 이해하기'(93쪽)를 참고하면 된다. 다만 학교생활 그림에서는 가족 대신 아이 자신과 친구, 선생님이 그림에 등장하므로 이들의 상호관계 를 살펴본다.

  일반적으로 아이들은 그림에 친한 친구를 표현하므로 아이 가까이에 그리거나 아이보다 먼저 그린 사람이 학교에서 가장 친하거나 의지하는 친구라고 볼 수 있다.

자신을 먼저 그린 아이는 학교에서 자기 주장이 강하고 자신 있는 생활을 하며, 자신을 나중에 그린 아이는 겸손하고 내성적일 수 있다. 반면에 그림에 자신을 생략하는 아이는 자아 개념이 매우 약하거나 학교생활에 별로 흥미가 없거나 소속감이 없을 수 있으므로 아이의 어려움을 살펴볼 필요가 있다.

선생님을 가장 먼저 그리거나 중앙에 그린다면 학교생활에서 선생님의 위치를 중요하게 생각한다고 볼 수 있다. 반대로 생략한다면 선생님에 대하여 무관심하거나 부정적인 감정을 표현한 것으로 볼 수 있다.

가끔 아이들은 학교가 아닌 본인이 속한 학원 친구나 선생님을 그리는 경우도 있다. 사회성이 발달하는 이 시기에는 다양한 장소가 나올 수 있다. 이럴 때는 학교와 비교해서 어떤 점이 다른지 살펴봐도 좋을 것이다.

선생님과 안 친해요

12세 남자아이

선생님에게 꾸지람을 듣고 있는 나와 친구의 모습이다. 담임선생님은 항상 자신과 친구에게만 큰소리를 내고 복도로 나가라며 소리친다고 설명하였다. 아이는 선생님의 모습을 완전하게 표현하지 않고, 의도적으로 목부터 그려 얼굴을 생략하였다. 이를 통해 아이와 담임선생님의 관계가 긍정적이지 않음을 유추할 수 있다. 교실에 다른 친구들은 그리지 않고 자신과 친구만을 표현함으로써 선생님과 적대적인 관계임을 강조한 것이다. 자신과 친구의 묘사에 있어서도 뒷모습의 머리만 표현하여 이 상황을 회피하고 부정하고자 하는 수동적인 모습을 보이고 있다.

내 아이의 마음은 무슨 색깔일까

우리는 색채로 둘러싸인 환경에 살고 있다. 색채를 통해 자신의 감정을 표현하곤 한다. 아침에 일어나 마음에 드는 색의 옷을 선택하는 일상적인 일도 자신의 감정을 색채로 표현하는 것이다. 새로운 색상의 옷을 입고 나온 친구에게 "요즘 무슨 일 있니?"라고 묻는 것도 색채를 통해 상대방의 감정을 읽는 예이다.

아이들의 그림 속의 색깔을 보고 심리를 읽을 수 있는 것도 같은 맥락이다. 특히 아이는 성인보다 더 솔직하고 무의식적으로 색깔을 선택하기 때문에 마음을 잘 읽을 수 있다. 미술치료에서는 색의 일반적 상징과 심리적 진단, 치료기법으로서의 가능성을 다루고 있다. 그린 사람의 정서와 성격을 잘 반영해준다. 아이의 경우 색깔은 심리를 쉽게 파악할 수 있는 도구가 될 수 있지만 잘못하면 색에만 치중하여 아이의 심리 상태를 파악하는 큰 오류를 범할 수도 있으니 조심하여 해석해야 한다.

빨간색

자극적이고 표현력과 에너지가 강한 색으로 아이들이 많이 사용한다. 자신의 감정을 분출할 때, 건강할 때, 발달 정도가 크게 나타날 때 자주 사용하는 경향을 보인다. 밝고 건강하며 고집이 센 아이의 그림에서 흔히 나타나기도 한다.

노란색

빛과 희망의 색으로 밝음, 따뜻함, 희망 등을 의미한다. 노란색은 아이들의 그림에서 자주 나타나는 색으로 사람들의 주목과 관심을 끌고 싶어 하는 심리적인 요인과도 관계가 있다.

초록색

자연색으로 평화롭고 온화한 느낌을 준다. 노란색과 파란색, 따뜻한 차가운 색의 중간색이기도 하다. 초록색을 주로 사용하는 아이는 외향성과 내향성, 능동성과 수동성을 동시에 지니고 있거나 과도기에 있는 경우가 많다.

파란색

맥락에 따라 맑고 푸른 긍정적인 이미지와 그리움과 우울함을 나타내는 부정적인 이미지로 해석될 수 있다. 아동의 그림에서 파란색은 조용하고 안정된 분위기 속에서 자기 자신을 돌아보는 내성적인 성향을 표현하는 경우가 많다. 침착하고 집중력이 높은 아이들에게서 자주 나타난다.

🟫 보라색

빨간색과 파란색의 요소를 함께 가지고 있는 색이다. 아이들이 빨간색의 활기찬 기운과 파란색의 차분한 기운을 균형 있게 가질 때 많이 나타난다. 소외감을 느낄 때나 열등의식이 있을 때 선택하는 경향이 있다.

🟫 검은색

두려움을 느낄 때, 마음에서 색이 사라졌을 때 많이 쓰는 경향이 있다. 반면에 지적인 활동으로 좌뇌가 활발히 움직일 때 나타나기도 한다.

내 아 이 는 어 떤 아 이 일 까

아이의 기질에 맞춘 대화와 소통

부모와 자녀는 다양한 방식으로 의사소통을 한다. 아이는 자신이 현재
느끼는 감정이나 상태를 어머니와 교류하면서 친밀감과 유대감을 형성
해 나간다. 그러나 어머니와의 의사소통이 역기능적으로 작용한다면 아
이와 어머니와의 관계뿐 아니라 가족과 아이의 정서적 안정감과 올바
른 자아 성장을 저해할 수 있다.

순한 기질인 아이는 어머니의 긍정적이고 애정적인 양육 방식을 이끌
어낸다. 여자아이의 40퍼센트가 순한 기질에 속한다. 수면이나 음식 섭
취, 배설 등 일상생활 습관에서도 대체로 규칙적이다. 새로운 환경이나
낯선 대상에게 스스럼없이 잘 접근하고, 적응력도 높다. 따라서 대체로
평온하고 행복한 정서가 지배적이므로 어머니와 너그럽고 관용적인 조
화를 기대할 수 있다.

까다로운 기질인 아이는 자극에 민감한 반응을 나타낸다. 눈치가 빨
라 주변 환경의 시선을 민감하게 알아차리고 상처를 쉽게 받기 때문에
어머니는 아이와 함께 소통할 때 아이와 같은 수준으로 예민해질 필요

가 있다. 그러나 섣불리 아이의 기질을 판단하고 민감성을 고치고자 할 경우에는 아이에게 상처를 줄 수 있다. 항상 아이를 이해하고자 하는 마음을 품어야 한다. 아이가 민감하게 반응하는 부분이 있는지를 살펴야 한다.

느린 기질인 아이들은 대화를 할 때 자신이 무슨 이야기를 하는지에 대한 충분한 이해가 필요하다. 그렇기 때문에 사회적 발달이 더뎌 보이고 길게 대화를 이어나가기가 어려울 수 있다. 어머니는 아이의 느린 기질을 이해하여 아이가 이야기하는 내용에 관심을 가지고 대화를 이끌어 나가야 한다. 아이가 어머니와 충분한 소통과 교류를 하고 있다고 온전히 느끼게 해줘야 한다.

PART
04

그림으로 보는
아이 심리 13

아이의 그림에는
아이의 심리가 보인다

아이들은 자신만의 방식으로 끊임없이 이야기하고 싶어 한다.

아직 표현력이 부족한 아이들에게 그림은 아이들이 느끼는 감정과 하고 싶은 이야기를 마음껏 표현할 수 있는 수단이다.

3부에서는 몇 가지 그림검사 기법을 통해 그림에 나타나는 상징의 의미를 알아보았다. 4부에서는 본격적으로 그림에 나타나는 아이 심리를 읽어볼 것이다.

엄마들은 늘 아이의 속마음이 궁금하다. 아이가 어떤 생각을 하는지, 자신이 사랑받고 있다는 걸 알고 있는지, 친구와 잘 지내는지, 어떨 때 스트레스를 받는지… 아이에 대해 모든 것을 알고 싶지만 속시원히 말해주지 않아 답답하다.

이런 엄마들을 위해 아이 심리를 13가지로 나누어 기초지식을 소개하고, 아이가 문제행동을 보일 때는 어떻게 대처해야 할지도 소개했다. 아이들이 실제 그린 그림을 보며 아이가 그림으로 하고 싶은 말이 무엇인지도 살펴볼 것이다.

자아상
자신을 사랑하지 못하는 아이

자아상이란 자신의 존재와 능력, 역할 그리고 생각과 느낌 등 자신에 대한 주관적인 평가와 견해다. 유아동기의 자아상은 자신을 어떻게 바라보고 인식하는지를 의미하고, 더 나아가 앞으로의 인생에 있어 삶의 목적과 가치관을 형성하는 토대가 된다. 자아상은 가족관계, 또래관계 등 사회적 상호작용을 통해 발달한다.

심리학자 카렌 매코버Karen Machover에 따르면 유아기의 그림에는 인물상이 많이 나타나는데, 이때 그리는 인물에는 자아상self-image이 투사된다. 정신의학자 폴 쉴더Paul Schilder는 아이들이 그린 인물화에는 자신의 신체상과 자아 개념이 나타난다고 하였다. 유아가 그리는 인물화에서는 대인관계와 타인에 대해서 느끼는 감정들이 드러나기 때문에, 유아기의 인물화는 자신의 신체적 모습에 대한 갈등이나 방어 등을 알아내는 데 사용하는 가장 적절한 방법 중 하나라고 할 수 있다.

유아동기의 건전한 자아상 형성은 높은 자존감과 연결된다. 2008년 방영된 EBS의 〈다큐프라임〉 '아이의 사생활' 편에서 실시한 심리 실험에 의하면 자아상이 높은 아이들의 과반수가 자존감이 높은 것으로 나타났다. 자존감이 낮은 아이들은 자아상 또한 낮다. 이렇듯 자아상은 자아 존중과도 밀접하게 연결되고 있음을 알 수 있다.

특히 이 시기 아이들의 긍정적인 자아상을 형성하는 데 가장 큰 영향을 미치는 것은 부모의 신속하고 적절한 반응이다. 부모의 무신경한 태도는 아이의 심리적 안정감에 부정적인 영향을 미칠 수 있다. 다른 사람들은 자신에게 도움이 안 되고 믿을 수 없는 사람이라고 생각하게 되는 것이다. 타인을 부정적으로 바라보는 아이는 자기 자신 역시 무가치한 사람이라고 생각하여 부정적인 자아상을 형성한다. 자아상이 부정적인 아이는 자신감이 부족하고 대인관계에 어려움을 겪으며, 심각한 경우에는 불안과 우울증으로 이어지기도 한다.

자존감이 높은 아이로 키우려면?

내 주변의 부모들 중에는 아이에게 관심과 열의, 시간 등을 쏟아부으며 아낌없이 투자하는 분들이 많다. 아이가 원하는 것은 뭐든 해주고 탄탄한 미래를 열어주려는 것이다. 그러다 보니 과잉보호 현상이 나타난다.

부모들의 높은 교육열 때문에 아이들은 유아기부터 경쟁에 놓이고 자식 기죽이기 싫은 부모들은 더욱 많은 투자를 한다. 부모들은 이렇게 함으로써 아이의 자존감을 높일 수 있다고 생각한다. 그러나 그런 방법이 최선은 아니다.

나를 찾아오는 한 어머니는 혹시라도 아이에게 정서적으로 문제가 생길까봐 다니던 직장을 그만두고 육아에만 전념했다. 아이를 위한 일이라면 늘 가장 좋은 것, 최고로 해주었다고 한다. 그런데 중학생 딸은 학교에 가지 않으려 하고 나쁜 친구들과 어울린단다. 어머니는 아이에게 물질적인 후원은 아낌없이 해주었지만 정작 아이가 필요로 하는 사랑을 전달하지는 못했을 수 있다. 지나친 기대는 아이들이 버거워한다는 사실을 알아야 한다. 연애할 때도 한쪽의 애정이 지나치면 부담스러운 것처럼 말이다.

아이들이 원하는 것을 뭐든지 다 들어주는 것보다는 자기 스스로 통제하고 절제하는 자기조절력을 가르치는 것이 자존감이 높은 아이로 키우는 방법이다. 자기조절력을 지닌 아이일수록 커서도 학업이나 업무 수행 능력뿐 아니라 공감 능력, 도덕성, 사회성이 뛰어나다.

자존감이 낮은 아이들 중에는 충동 조절에 문제가 있는 경우가 많다. 대뇌변연계의 분노 반응은 대뇌피질의 전두전야에서 상황에 맞게 조절된다. 그러나 대뇌피질의 조절 통제 기능이 제대로 발휘되지 않을 경우, 위급한 상황이 아님에도 대뇌변연계의 원시적 감정이 그대로 행동으로 나타난다고 한다.

학자들은 변연계는 출생 전 엄마 배 속에 있을 때부터 제법 발달되어 있다고 한다. 엄마와의 애착이 감정 발달에 가장 기본적이기 때문이다. 변연계는 생후 3년 정도가 되면 거의 완성된다. 즉, 만 3세 이전에 안정된 애착관계를 이루지 못한 아이는 이후 아무리 좋은 환경에서 자란다 하더라도 그 결핍을 메울 수 없다는 얘기다.

나는 산후우울증으로 찾아오는 엄마들에게 아이의 양육이 피곤하고 힘들더라도 이 시기에는 애착관계 형성을 위해 아이와 더 많은 시간을 보내고 교감을 하라고 말한다. 내가 우울하고 힘들다고 아이를 돌보지 않고 있다가 3년 뒤 아이를 돌보려고 하면 몇 배로 힘들어진다고 말이다.

자기조절력과 공감 능력, 책임감은 하나다

요즘 우리 사회에서 최고의 화두 중 하나는 자기조절력이다. 범죄를 저지른 사람이 "나도 모르게 그랬다" "화가 나서 그랬다" 등 무책임하고 어이없는 말을 하는 것을 심심찮게 볼 수 있다. 이들은 순간적인 분노 조절을 하지 못해서 큰일을 저지른다. 이런 문제는 성인뿐 아니라 청소년기, 유아동기에도 나타나고 있다.

자기조절력 발달에 가장 중요한 시기는 역시 3세라고 볼 수 있다. 아이는 3세부터 6세까지 자기조절력과 사회성이 발달하므로 이때 자신이 사랑받고 있다고 생각하게 해주어야 한다. 자기조절력이 부족한 아이들의 대표적 특성은 인터넷이나 게임에 빠지는 것이다. 또한 자기조절력이 부족하면 사춘기를 심하게 겪을 수 있으니 바른 생활습관과 사회성

훈련에도 신경을 써야 한다.

학교 폭력, 집단 따돌림도 심각한 수준이다. 그런데 가해자 학생들을 만나보면 특히 취약한 부분이 있다. 공감 능력이 부족하다는 것이다. 공감 능력이 부족한 아이들은 모든 것을 자기 위주로 생각하고 행동한다. '내가 친구를 때리면 얼마나 아플까?', '내가 함부로 행동하면 부모님이 힘드시겠지?'라는 생각을 못한다.

공감 능력은 책임감과도 연결된다. 상대방에 대한 배려이기 때문이다. 인간성이 없다는 말과도 맥락을 같이한다. 자기조절력이 발달한 아이들은 공감 능력이 좋고, 청소년기도 수월하게 보내는 편이다. 반면에, 자기조절력이 결여된 아이들은 나중에 커서도 아무 연락 없이 직장에 나오지 않거나 조직 내에서 무단결근을 할 수도 있다. 상대를 괴롭히고 인터넷에 악플을 다는 경우도 이에 해당한다.

공감 능력과 자기조절력은 함께 향상된다. 엄마는 아이가 새로운 행동을 할 때 당황하지 말고 발달 과정을 이해하고 있어야 한다. 방임이나 과잉 지도를 하지 않아야 한다. 아이의 성장 속도가 다르다는 것을 이해하고 애정을 주되 절제도 배울 수 있도록 균형 잡힌 교육이 필요하다.

공감 능력 향상에는 아빠보다 엄마가 큰 영향을 미친다. 공감 능력은 개인마다 많은 차이가 있지만, 특히 여자와 남자의 차이가 두드러진다. 남자의 뇌는 엄마 배 속에 있을 때부터 대인과 커뮤니케이션을 담당하는 뇌 부위가 많이 깎여나간 상태에서 출생을 한다고 한다. 따라서 상대방의 감정이나 표정을 이해하는 능력은 여자가 월등히 높은 편이다.

아기 엄마들 중에는 아이의 감정과 마음 상태를 직관적으로 정확히 읽어낼 수 있는 능력이 높은 사람이 있는 반면에 낮은 사람도 있다. 이러한 능력은 교육 수준이나 지능과는 상관이 없다. 개인의 공감 능력 차이다. 엄마의 공감 능력은 아이의 발달과 정서 중 공감 능력에 영향을 미칠 수 있다.

눈물이 모여 바다가 되었어요

7세 남자아이

신체상을 나타내는 현재 나의 모습을 그리라고 하자 아이는 울고 있는 자신을 그렸다. 그림 속 자신은 아무것도 못하는 사람인 게 너무 슬퍼 눈물을 흘리고 있다고 말한다. 이 눈물이 모여 바다가 되었고 바다의 깊이는 매우 깊다. 그림에서 사용되고 있는 파란색은 감정을 조정하고 순응시키는 작용을 하여 심신을 편안한 상태로 안정시키는 효과가 있다. 파란색은 피로하고 심신이 불안정한 상태에 있을 때 사용 욕구가 높게 나타난다. 아이는 눈물과 연결시켜 파란색을 슬픔의 매개체로 사용한다. 현재 아이는 자신에 대한 자존감이 매우 낮은 상태. 복잡하게 뒤엉켜 있는 선을 통하여 불안정한 심리를 표현하였다. 이 아이에게는 성취감을 느낄 수 있는 활동을 통해 자신에 대한 평가를 긍정적으로 할 수 있도록 도와 자존감을 높여주는 것이 좋다.

아이의 자기조절력은 어떻게 형성될까?

일반적으로 자기조절력은 인지 능력이 발달하는 2세쯤 나타나기 시작해서 3~6세에는 자기조절력 발달에 의미 있는 변화가 일어난다. 자기조절력은 변연계와 대뇌피질의 두 영역을 통합하고 통제하는 안와전두피질$_{OFC}$의 발달과 연관이 있다. 안와전두피질은 감정과 이성을 균형 있게 조화시켜 현실에 적절한 반응을 하게 하는 자기조절 중추로서 폭력성, 충동성, 책임감, 리더십 형성에 영향을 미친다.

안와전두피질의 조절 능력은 생후 2년에서 3년 사이에 처음 관찰되며 생후 3년이 결정적 시기다. 이 시기가 되기 전에 자기조절력을 제대로 키우지 못하면 아이의 감정 표현과 행동에 문제가 생길 수 있다. 그러나 7세 무렵까지 꾸준히 발달해 나간다. 사랑과 스트레스, 분노와 불안, 공포의 감정 반응도 변연계에서 1차적으로 일어나는데 이 변연계에서 연결되어 있는 유일한 전두엽이 안와전두피질이다.

자기조절 능력에 중요한 영향을 미치는 안와전두피질의 발달은 대사 호르몬과도 밀접한 연관이 있다. 안와전두피질이 잘 발달된 아이는 정서적 안정감을 주는 세로토닌 신경이 활발하여 안와전두피질 발달에 중요한 엄마와의 애착과 신뢰감이 잘 형성된다. 애착과 신뢰감은 아이의 사회화를 위한 본격적인 훈련이 시작되는 신호로 제지와 억제적 자극이 반드시 필요하다. 그러나 우리나라 가정에는 애정 과잉형 양육 형태로 인해 자기조절 중추의 발달이 미숙한 경우가 더 많다고 한다.

자기조절력이 제대로 발달하지 않은 아이는 공격적이고 충동적이며 감정을 잘 억제하지 못한다. 공감 능력이 결여되면 상대방을 이해하지 못하고 자기밖에 모르는 아이로 자랄 위험이 있으며 분노 조절 능력도 떨어진다. 그러나 자기조절력이 잘 발달되고 훈련된 아이들은 의지력, 집중력, 판단력이 좋다. 스트레스에 대처하는 능력이 발달되고 스트레스를 통해 무언가 배울 수 있는 학습 능력이 생기기도 한다. 자기 감정을 정확히 아는 인지력, 타인의 생각이나 감정을 이해하는 공감력, 분노와 충동을 조절하는 능력, 대인관계 능력, 긍정적 사고방식들이 길러진다.

학습장애
또래보다 뒤쳐져도 괜찮은 걸까

학습장애Learning Disorder란 지능이나 신체 등에 아무런 손상이 없는데도 학업 성취가 현저하게 떨어지는 것을 말한다. 이런 증상은 학교 들어갈 나이가 되면서 나타나기 시작한다. 특히 저학년 시기에 학업 수행 시 특정한 부분에서 어려움을 갖는 아이들이 있다. 기억, 논리적인 사고, 정보 수용 또는 시공간 지각에 어려움이 있는 신경생리학적 손상 문제를 포함하는 경우도 있다. 학습장애는 읽기, 계산하기, 쓰기 능력을 평가하기 위해 개별적으로 시행하는 표준화 검사에서 나이, 학교 교육, 그리고 전체 지능global IQ에 비해 학업 성적이 기대 수준보다 현저하게 낮은 경우에 해당된다.

학습장애가 있는 아이는 목표나 기대치를 개인에 맞추어 조정해야 한다. 구조화되고 구체적이며 반복적인 작업을 진행하는 것이 좋다. 흥미로운 주제와 재료를 이용하여 학습에 대한 심리적인 부담을 줄이고 자연스럽게 공부할 수 있는 분위기를 만들어준다. 아이들은 자신의 문제에 대한 사회적 인식이나 반응을 알고 있기 때문에 예민하게 반응할 수 있으며, 그 과정에서 좌절이나 분노 등 부정적 감정을 경험할 수 있다.

학습장애가 있는 아이에게 지시할 때는 이해하기 쉽도록 짧고 구체적으로 설명해야 한다. 아이가 자신의 심리와 다양한 감정들을 표출시키게 하고, 아이에게 자신감을 심어주고 긍정적인 자아를 형성할 수 있도록 도울 필요가 있다.

조기 교육으로 스트레스 받는 아이들

우리나라 부모들은 아이의 영어 학습에 지대한 관심을 갖고 많은 투자를 한다. 다른 집은 조기 유학도 보내는데 최소한 이 정도는 해줘야 한다는 생각에 경제력을 넘어선 사교육을 시키기도 한다. 부모의 대리 만족을 위해서 영어 공부를 시키는 경우도 많다. 그러나 과도한 학습으로 아이가 심한 스트레스를 받으면 오히려 학습장애를 일으킬 수 있다.

학습장애로 상담을 받으러 오는 아이들의 대다수는 어릴 때 부모가 무리한 학습을 시킨 경험이 있다. 아이가 한글에 관심이 보일 때, 영어에 호기심을 가질 때가 학습 적기인데 다른 아이에 비해 우리 아이가 뒤처질까봐 조급한 마음에 학습을 시키는 것이 문제다.

병원을 찾는 아이 중에는 스파르타식 영어 교육으로 스트레스를 받은 나머지 원형탈모가 생긴 경우도 있었다. 학원에 다니는 유아 절반이 심한 스트레스를 받는다고 하니 조기 교육을 시키기 전에는 아이의 심리 상태를 면밀히 살펴봐야 한다. 아이는 아직 준비가 안 됐는데 부모가 무리한 욕심을 부리는 것은 아닌지 자문해볼 일이다.

우리집 첫째 아이는 일찍 한글을 익혔다. 내 의도라기보다는 아이가 글자에 대한 호기심이 커서였다. 하루는 유치원 졸업식에서 졸업생 송사를 맡았는데 한글을 모르는 상태였다.

아이의 유치원 가방에 '송사'라고 쓰인 안내문이 있었다. 이 유치원은 유치원생 전체가 송사를 같이 하나 보다 생각했다. '글씨도 모르는 다섯 살짜리 애가 무슨 송사를 해'라는 생각에 안내문을 제대로 보지 않았다.

졸업식을 3일 앞두고 선생님이 연습을 잘하고 있는지 확인 전화를 주셨다. 나는 한글도 모르는 아이가 무슨 송사를 하냐고 반문했다. 그런데 우리 애가 한글을 조금은 안다는 것이다. 남편과 나에게 비상이 걸렸다. 남편은 전체를 또박또박 읽어주고 따라 하게 했다. 그런데 아이가 한글을 그림으로 읽는 것 같았다. 그러고는 문장을 외워버렸다. 다음 날 집에서 예행연습을 시켰다. 아이는 졸업식 이후 한글을 습득했다. 아이가 별 스트레스 없이 언어를 습득하는 것을 보고 놀랐다.

비슷한 이유로 영어와 일어도 배우기 시작했다. 특히 일어는 일본 만화 〈도라에몽〉을 읽고 싶어서 공부하고 깨우치는 식이었다.

반면에 둘째는 여섯 살이 끝날 무렵까지도 한글을 못 깨우쳤다. 나도 엄마인지라 조금 걱정이 되었다. 일곱 살 때 친정어머니 회갑 기념으로 제주도로 여행을 갔다. 가족이 모두 바닷가에 가서 모래 위에 자연스럽게 각자 글씨를 썼다 그런데 둘째가 '민규 똥개, 바보'라고 쓰는 것이 아닌가. 우리 가족은 모두 놀라고 감격스러워서 아이가 먹고 싶다고 한 치킨을 바로 사주었다. 그 뒤 아이는 한글을 익히는 데 속도가 붙기 시작했다. 고등학생이 된 지금도 그때 온 가족이 함께 환호한 날에 대해 이야기할 때가 있다. 중요한 점은 아이가 관심을 가질 때 동기 유발과 부모의 칭찬과 격려가 있으면 학습 의욕은 자연스럽게 올라간다는 사실이다.

놀이동산

8세 남자아이

아이는 지능에는 문제가 없으나 학습능력이 떨어져서 치료를 받고 있다. 아이가 표현한 그림은 놀이동산이다. 각각의 색들로 놀이동산의 기구를 표현하고 있지만 형태가 정확하게 나타나고 있지 않다. 아이는 그림을 그린 후에 마음에 들지 않는다며 지워버리고 자포자기하는 모습을 보였다. 미술활동에 대한 의욕이 없고 관심을 보이지 않는 아이에게는 흥미를 유발할 수 있도록 결과물을 쉽게 얻을 수 있는 어렵지 않은 작업을 하게 해야 한다. 성취감을 느낄 기회를 주고 학업과 미술활동에 의욕을 가질 수 있도록 도와줄 필요가 있다.

내 마음이 표현되지 않아 답답해요

10세 남자아이

아이는 자신이 상상하는 바닷속 풍경을 점토와 크레용을 이용해 표현하였다. 전체적으로 화면이 어지럽고 산만한 모습이다. 아이는 자신이 표현하고 싶은 것을 정확히 전달하지 못하였다. 무언가 자신이 표현하고자 하는 것이 있지만 잘되지 않자 답답해하며 금방 포기하였다. 아이는 자신의 의견이 받아들여지지 않고 인정받지 못한다고 생각하는 듯 보였다. 이러한 특성을 보이는 아이에게는 자신감을 북돋아주는 것이 매우 중요하다. 치료사나 어머니는 아이의 그림을 인정해주며 아이가 말하고자 하는 것을 충분히 표현할 수 있도록 해야 한다.

영어유치원에 다니는 우리 아이 괜찮을까?

영어유치원 교사들은 유아 교육을 전공하지 않은 경우가 대부분이다. 그러다 보니 유아의 발달을 이해하지 못해 어려움을 겪는다.

어린이들 역시 언어장애를 겪기 쉽다. 선생님들과 영어로만 대화를 나누기 때문에 정서적 교감을 이루기 어려운 것이다. 극심한 스트레스를 받은 경우 자폐증, 원형탈모증, 불면증, 학습 거부증, 대화 거부증, 대인기피증, 부모에 대한 폭력 등 이상증세를 보이기도 한다. 아이는 아프거나 화가 나도 자신의 감정을 제대로 표현할 수 없기 때문에 이러한 심리적 문제가 발생한다.

영어유치원의 경우 대부분 한 학급의 인원수가 10명 이하이다. 일반 유치원의 한 학급 학생 수가 20~30명인 것과 비교해 볼 때 사회성 발달에 그리 좋은 환경이라고 보기는 어렵다. 또 유아동기 영어교육은 아이들에게 과잉 학습으로 인한 과도한 스트레스를 줄 수 있다. 학습에 대한 스트레스는 발달장애를 일으킬 수 있다. 무리한 조기 영어 교육은 아이들의 언어 발달에도 장애를 초래할 수 있으며, 언어 추리, 상징 조작 능력, 사회성 발달이 뒤떨어지는 결과를 낳을 수 있다. 발달적 측면에서 중요한 이 시기에 과잉 학습은 오히려 아이에게 정신적, 심리적으로 부정적 영향을 미친다. 아이가 영어유치원에 다니고 있다면 스트레스를 풀어줄 환경 개선이 필요하다. 스트레스 완화와 긍정적 정서 발달을 위해서 과잉 학습 중심의 교육 환경에서 놀이와 활동 중심의 학습 환경을 마련해야 한다. 미술 등 예술 프로그램을 활용하여 감성적 활동을 늘려야 한다.

영어유치원에 적응하지 못하면 학습장애가 생길 수 있다. 학습장애 아동은 집중력이 약하고 주의 산만한 행동이 습관화되어 있다. 추상적 언어 구사 능력도 떨어진다. 학습 활동에서의 계속적인 실패로 인한 흥미와 동기 상실에서 오는 결과다. 휴잇Hewett은 학습장애 아동에게는 정서적 불안이 있다고 했다. 이들의 수동적 학습 양식은 스스로 자신이 통제할 수 없다는 잘못된 신념에서 비롯된 것으로 반복된 실패를 통해 좌절감, 분노, 의기소침 등의 정서적 특성을 나타낸다고 한다. 컬린Cullen과 부르스마Boersma에 따르면 학습장애 아동과 정상 학생의 과제 수행에 대한 지속성을 비교하였을 때 학습장애 아동은 과제에 대한 회피의 태도를 보인다. 이는 실패의 경험에 직면하였을 때 학습된 무기력의 특성이 드러난 것이다.

집중력
산만한 아이를 몰입하게 하는 법

산만한 아이를 몰입하게 하는 데 그림만큼 좋은 것도 없다. 아무리 산만한 아이라 해도 처음에는 힘들어하지만 시간이 지날수록 그림 그리기에 집중한다. 미술치료를 통해 집중력을 키운 아이는 일상생활 속에서도 전보다 집중하는 시간이 길어지고 성격도 차분해진다. 집중력이 향상돼 학교 성적도 덩달아 오른다. 성적이 올라 칭찬받는 일이 늘어나니 자신감도 향상된다.

그림 그리기를 통해 산만한 성향을 낮게 하는 한편 아이의 평소 놀이 습관에도 신경을 써야 한다. 먼저 아이가 재미를 느끼거나 흥미로워하는 활동이 있다면 적극적으로 할 수 있는 기회를 주는 것이 좋다. 행복하고 똑똑한 아이로 키우고 싶다면 아이가 마음대로 탐색하고 만져보고 느끼고 경험할 시간을 주어야 한다. 아이가 호기심을 갖게 하는 것도 집중력 향상에 중요하다. 하고 싶은 일이 있는데 부모가 몰라주고 대수롭지 않게 생각하고 무시한다면 아이는 그나마 집중할 수 있었던 것들에도 몰입하지 못하게 될 수 있다.

유아동기에 형성되는 주의집중력은 학습 능력 신장과 직결된다. 즉, 그림 그리기 등 다양한 활동에 몰입하면서 한 가지 일에 생각과 노력을 집중하는 학습 효과를 키울 수 있다.

이 시기에는 경험에 의해 형성된 기대를 바탕으로 자극을 효율적으로 처리하는 능력이 향상된다. 2세가 지나면 행동을 계획하고, 그것을 따라 어떤 자극에 주의를 기울여야 하고 어떤 자극을 무시해야 하는지를 깨닫기 시작한다. 7세쯤에는 방해 자극이 제시되어도 그 사이에서 목표 자극을 찾아내는 능력이 생긴다.

이처럼 연령이 증가하면서 의도적으로 주의를 통제할 수 있게 되고 융통성과 계획성을 갖추게 되지만, 주의를 통제하는 능력이 부족하면 문제 행동을 일으킨다. ADHD를 유발시켜 학업 성취도를 떨어뜨리거나 대인관계 형성에도 부정적인 영향을 미친다.

사회적·심리적 환경은 아이의 주의집중력에 영향을 미친다. 가족 간의 유대관계가 원만하고 부모의 양육 태도가 수용적이고 자율적일수록 주의집중력 향상에 도움이 된다.

나비가 날아갑니다

8세 남자아이

데칼코마니 작업 후 연상되는 그림을 그리게 하였다. 데칼코마니를 통해 나비를 연상한 아이는 나비가 하늘을 날아다니고 있다고 표현하였다. 그러나 막상 도화지에는 우주 정거장을 그렸다고 말한다. 연상되는 그림을 그리라는 치료사의 말을 듣지 않고 마음대로 작업한 것이다. 그림을 그린 후에는 그 위에 아무렇게나 데칼코마니 작업을 한 도화지를 오려 붙이는 등 미술활동에 집중하지 못하는 모습을 보였다.

이렇게 프로그램에 집중하지 못하는 아이들을 강제로 참여시키면 안 된다. 아이가 관심 있어 하고 흥미로워하는 소재를 찾아 참여하게 해야 한다. 프로그램 시간에 제한을 두어 작업을 다 마치면 자유시간을 갖게 하는 것도 좋다.

집중력이 뛰어난 아이가 그린 꽃

7세 여자아이

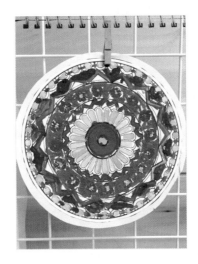

아이는 꽃 모양을 형성화하는 만다라 도안을 선택하였다. 물감으로 작업했음에도 불구하고 아이는 각각의 모양들을 놓치지 않고 채색하였다. 평소 아이는 자신에게 주어진 일에 있어서는 끝까지 포기하지 않고 작업을 진행하며 또래 아이보다 높은 수준의 집중력을 보였다. 높은 집중력은 일상생활에서 또래보다 뛰어난 과제 수행 능력을 낳는다. 성취감과 연결되어 높은 자존감을 갖는다.

가족관계
우리 아이는 가정에서 행복할까

"선생님, 우리 아이 괜찮은 건가요? ADHD가 아닌지 걱정돼서요."

엄마는 아이가 집에서 너무 산만하고 반항도 많이 하고 약속을 지키지 않는다고 걱정이다. 그런데 검사를 해보면 ADHD가 아닌 경우도 많다. 이 아이는 학교에서는 별 문제가 없는데 가정에서만 문제가 나타났다. 왜 그러는 걸까?

인생에는 네 차례 반항기이자 위기라고 불리는 시기가 있다고 한다. 1기는 흔히 '미운 네 살'이라고 하는 만 세 살 무렵이다. 좋고 싫음을 언어로 표현할 수 있는 나이다. 2기는 일곱 살 무렵으로 부모의 통제가 잘되지 않는 시기다. '나 중심'에서 사회화가 시작되는 때이므로 변화 속에서 불안감이 높다. 이 시기에는 부모가 많이 안아주고 보듬어줄 필요가 있다. 3기는 사춘기 무렵으로 몸과 마음이 자라서 자신의 정체성을 찾아가는 시기다. 4기는 '제2의 사춘기'라고 불리는 중년기로 특별히 더 많은 사랑과 관심이 필요하다. 1~3기가 부모의 따뜻한 애정을 받아야 할 시기라면 4기는 배우자의 사랑을 받아야 할 시기다.

아이들은 가정에서 모든 관계를 배우고 성장한다. 가족과 관계되는 일에는 되도록 동참시키는 편이 좋다. 부모의 계획도 알려주고 집안의 관심거리에도 함께 참여시키도록 하자. 소소한 심부름을 시키고 도움을 주고받는 관계를 경험하게 하자.

나는 전임교원이 되고 나서 일곱 살, 아홉 살이 된 두 아들을 불러 놓고 앞으로 함께할 시간은 줄어들겠지만 좋은 점이 있다고 말해주었다.

"엄마가 일을 더 많이 해서 좋은 점을 말해줄게. 잘 들어 봐. 첫째, 엄마는 자아실현을 할 수 있어. 둘째, 그동안 열심히 공부한 것을 사회에 환원할 수 있어. 마지막으로는 너희를 키울 때 경제적인 여유가 생길 거야."

두 아이는 장난을 치면서도 알아듣는다는 표정의 신호를 보내왔다. 당시엔 아이들이 이해했는지 확인할 수 없었지만 시간이 흐르고 보니 그때 아이들에게 엄마의 진심이 전달되었다. 진심을 담아서 한 말은 반드시 전해지는 법이다. 매순간 온 마음을 다해 말하고 행동하는 게 쉬운 일은 아니다. 몸이 피곤하고 기분이 안 좋은 순간도 있는데 어찌 가능하랴. 그러나 한 가지 분명한 사실은 아이들에게 최선을 다한다면 결코 후회할 일은 없다는 것이다. 스스로 만족해야 즐거운 육아가 되지 않겠는가.

집안일을 도운 아이가 성공하는 이유

얼마 전 〈월스트리트저널〉에 어렸을 때 주기적으로 청소, 심부름과 같은 집안일을 도우며 자란 아이가 성공할 확률이 높다는 기사가 실렸다. 어릴 때부터 어른을 도와 집안일을 많이 하면 성취감, 책임감과 더불어 자립심을 기를 수 있어 여러모로 유익하다는 것이다. 더불어 집안일의 정도와 집안일의 시작 단계가 성장에 어떤 영향을 미치는지를 분석한 연구결과를 소개했다.

미네소타대학의 마티 로스먼 교수가 84명의 성장 과정을 추적해 분석한 결과 3~4세 때부터 집안일을 도운 이들은 가족은 물론 친구들과의 관계가 좋고 학문적, 직업적으로도 성공한 것으로 조사됐다. 어린 나이에 집안일을 도운 사람들은 집안일을 전혀 하시 않거나, 10대가 돼서야 집안일을 시작한 사람들보다 자기 만족도도 높았다.

집안일은 아무런 대가 없이 가족을 위해 하는 일이며, 가족 구성원이 무엇을 필요로 하는지 살펴봄으로써 타인을 공감하는 능력을 키워준다. 사람의 행복은 주로 다른 사람과의 인간관계에서 얻어진다. 가정에서부터 서로를 돕고 남을 배려하는 마음을 가르친다면 성공뿐 아니라 행복해질 확률 또한 높아질 것이다.

나는 아이들이 어릴 때부터 식사준비를 돕게 했다. 큰아이는 식탁에 수저를 놓고 상을 차리는 일을 돕게 하고, 둘째는 밥을 푸게 했다. 간혹 둘째는 불만을 토로했다. 다른 집 엄마들은 가만히 앉아 있으면 밥을 주는데 우리는 왜 일을 해야 하냐고. 밥 푸는 것을 자기 일로 받아들이게

된 둘째는 아빠에게 야단을 맞은 날은 아빠에게 밥을 조금 주고, 형하고 다툰 날은 형에게 밥을 아주 적게 주었다. 새 주걱을 사오면 새 친구가 생겼다고 좋아했다. 고사리 같은 손으로 일하는 엄마의 식사 준비를 도운 아이들 모습을 떠올리니 저절로 입가에 웃음이 번진다. 나중에 결혼을 해서도 아내와 함께 식사를 준비하는 멋진 남편이 되기를 바란다. 일하는 엄마, 일하는 아내를 몸으로 마음으로 이해하는 남자가 되기를 말이다.

가족은 사람이 태어나서 가장 처음 맺는 인간관계이자 개인의 발달에 영향을 미치는 가장 중요한 사회적 집단이다. 유아동기에 바람직하게 성장하려면 건전한 가정과 부모의 올바른 양육 태도가 전제되어야 한다. 유아동기에는 가족생활을 통해 기본적인 욕구 충족과 개인적 자아실현을 추구한다. 이는 개인의 삶의 질을 결정할 뿐만 아니라 사회성 형성에도 중요한 역할을 한다. 그러나 가족 기능에 문제가 있는 아동은 불안, 과잉행동, 회피와 같은 부적응 행동을 많이 나타낸다. 불안정한 가족관계 형성은 청소년기의 불안, 우울, 자존감에 영향을 미친다. 가족 구성원들과의 건강한 관계 형성과 원활한 상호작용이 유아동기의 인성 형성에 큰 영향을 미치는 것이다.

형제자매 간 갈등에 대처하는 법

형제자매는 아이들이 경험하는 최초의 작은 사회다. 아이들은 사이좋게 지내기도 하고 싸우기도 하면서 또래관계에서 놀이 친구로서의 역할을 습득한다. 형제자매는 서로 보고 배운다. 사이가 좋지 않더라도 위험에 처하거나 공격을 받으면 서로를 보호하는 행동을 취한다. 또 형제자매 간 경쟁은 흔히 있는 일로 경쟁적 상호작용에 대한 인식을 통해 자신의 힘과 영향력을 학습하기도 한다.

형제자매 관계에서 부모가 가장 어렵게 생각하는 일 중 하나는 형제 자매 간에 갈등 상황이 발생했을 때이다. 부모는 개입할 것인가, 개입한 다면 어떤 방법으로 할 것인가를 결정해야 한다. 부모가 적절하게 개입 한다면 문제가 없겠지만, 부적절한 개입은 형제자매 관계를 악화시키기 도 하고 일관성이 없는 개입은 부정적인 영향을 미칠 수 있으므로 부모 의 개입은 매우 중요하다.

사실 부모도 난처한 경우가 많다. 누구 편을 들 수 없어서 양쪽 다 잘 못을 지적하게 된다. 잘못을 가리기 이전에 야단을 맞은 아이는 서운해 하기 때문이다. 둘 사이의 관계가 나빠지지 않도록 사건 초기보다는 아 이들이 도움을 요청할 때 적절히 개입하는 편이 좋다. 그리고 어떻게 문 제가 해결되고 있는지 과정과 결과를 보면서 형제자매 관계가 좋아질 때 이야기를 나누면 효과적이다. 아이들끼리 갈등을 해결하는 능력을 키우는 경험도 중요하기 때문이다.

형에게 뭐든 뺏겨요

6세 남자아이

한 살 터울의 형과 다툼이 많은 이 아이는 그림을 그릴 때마다 항상 형을 지우거나 가두는 등의 표현을 한다. 형에게 뭐든지 빼앗긴다고 생각하고 있는 아이는 왼쪽에서는 형을 포함해 자신까지 모두 지웠다. 오른쪽 그림에서는 형을 감옥에 가두는 등 부정적인 표현을 하였다. 아이는 형의 존재를 부정하며 형을 이기고 싶어 하는 무의식을 표출한 것으로 보인다. 이 아이에게는 형과의 관계를 회복하기 위해서 형에 대한 부정적 감정을 표출시키는 작업을 진행해야 한다. 추후에는 형과 함께 미술치료를 진행하고 형과의 관계를 개선할 필요가 있다.

집에 가기 싫어요

7세 여자아이

어린이집을 마치고 아이가 집에 돌아가는 길이다. 다른 친구들은 웃으며 집으로 향하는데 자신은 집에 가기 싫어 몸에 가시가 돋았다고 말한다. 아이는 자신의 집을 지붕에 창문과 굴뚝으로 뿔이 난 것으로 표현하였다. 문이 없고 창문으로만 가득한 집은 가정 내에서의 소통이 원활하게 진행되고 있지 않음을 말해준다. 뒤쪽에 그린 다른 친구 집에서는 부모님들이 나와서 기다리고 있다고 하였다. 현재 자신의 부모님은 그렇지 않음을 드러낸다. 그림을 통해서 가족관계가 안정적이지 않음을 알 수 있다. 가족 내의 낮은 유대감과 상호작용은 자신의 몸에 가시로 표현하였다. 가시는 공격성을 표출한 것이다.

세 개의 얼굴을 가진 아이

13세 남자아이

쌍둥이 형제를 '세 개의 얼굴을 가진 ○○○'으로 나타냈다. 자신은 형제에게
피해를 받는 것처럼 쓰러져 있고 겁을 먹은 표정을 짓고 있다.

형제로 인한 부적응 모습을 보이는 그림이다. 자신이 지각하는 형제의 모습은
시시때때로 얼굴을 바꾸는 사람으로 재미있게 표현했다. 하지만 그림 속에서
자신이 종이의 하부에 위치하고 인물상이 비스듬히 누워 있는 것으로 보아
형제의 눈치를 보고 있다. 관계 속에서 상당히 스트레스를 받는 상태임을 알
수 있다. 내적 스트레스를 다뤄줄 수 있는 관심과 지원이 필요하다.

혼자 있고 싶어요

13세 남자아이

엄마 배 속에 있는 나를 표현한 그림으로 쌍둥이 형제가 생략되어 있는 모습을 보인다. 부모의 애정과 관심에 대한 욕구를 드러내고 있다. 쌍둥이의 경우 태어날 때부터 경쟁 상대가 있는 환경으로 지각될 수 있다. 그림 속에서도 엄마의 배 속에 있는 자신의 모습을 외부 환경과 분리시켜 방해받고 싶지 않은 마음으로 표현했다. 애정에 대한 욕구를 재차 확인할 수 있다.

즐거운 우리

12세 여자아이

자신의 쌍둥이 형제에게 건강하고 긍정적인 이미지를 가지고 있는 그림이다.
선으로 분리되어 있지만 한 공간에서 동일한 환경을 나눠 쓰는 상황을 긍정
적으로 표현하고 있다. 밝은 표정을 보아 긍정적인 관계를 맺고 있음을 보여
준다.

애착
엄마를 믿지 못하는 아이

애착이란 영아와 주양육자 간의 상호적이고 지속적인 정서적 유대를 말한다. 영아는 주양육자와의 애착관계를 통해 수유, 배설, 수면 등 생존에 필요한 신체적 욕구를 해결할 수 있다. 애착관계가 형성되면 정서적 안정감과 사회적 유대감을 느낀다. 애착은 엄마에게 생긴 또는 느낀 좋은 감정을 일반화시켜서 세상에 적용시키는 것이다.

애착은 생후 6~8개월부터 시작해서 18~24개월경에 완성된다. 엄마와의 관계에서 형성된 안정된 애착관계는 성인이 되어서 다른 사람과 조화로운 관계를 맺는 데에도 중요한 영향을 미친다. 안정된 애착관계를 통해 형성된 신뢰감이 모든 사람에게 확대되기 때문이다. 긍정적 애착을 가진 아이는 다른 사람들에게 친절하게 반응하고, 상대방에 대해 공감을 잘하며, 세상을 자유롭게 탐지한다. 이러한 탐색 욕구는 지적 발달로 연결되기 때문에 학습 능력에도 영향을 미친다. 낯선 환경에 잘 적응하고 도전 과제를 잘 해결하고, 실패하더라도 좌절감을 잘 극복한다. 즉, 아이와 엄마 사이의 애착관계는 아이의 정서, 사회성, 지적 발달 등에 영향을 미친다.

유아 시절 엄마와의 관계가 성장에 큰 영향을 주는지는 여러 연구를 통해 알려져 있다. 심리학자 해리 할로우Harry Harlow는 사회적 상호작용이 뇌의 발달에 결정적인 영향을 미친다는 사실을 원숭이 애착 실험을 통해 입증했다.

할로우 박사는 아기 원숭이를 어미로부터 떼어낸 뒤 다양한 실험을 통해 애착의 본질과 애착의 결핍이 가져오는 다양한 결과들을 연구하였다.

태어나자마자 어미와 격리되어 자란 원숭이는 충분한 영양분을 공급했는데도 불구하고 유독 뇌가 제대로 발달하지 못했다. 어미 원숭이로부터 격리된 원숭이의 뇌는 성장기가 다 지나도 제대로 발육하지 못했으며 여전히 쪼그라들어 있는 상태였다.

할로우 박사는 헝겊 외에 철사, 비닐, 샌드페이퍼 등으로 어미를 만들었다. 그러자 새끼 원숭이는 헝겊으로 된 어미 원숭이에게만 갔다. 어린 새끼 원숭이는 포근하고 따뜻한 어미 원숭이의 품을 그리워한다는 것을 알 수 있었다.

어미의 사랑을 못 받고 자란 원숭이는 어떻게 되었을까? 어려서 격리된 암컷 원숭이는 성장 후에도 수컷 원숭이와의 교미를 완강히 거부했다. 결국 암컷 원숭이를 묶어 놓은 채 수컷 원숭이로 하여금 강간하게 했다.

암컷 원숭이가 임신을 하여 새끼를 낳았지만 결국 어미 원숭이는 어미 역할을 전혀 하지 않고 새끼를 학대하였다. 이 실험으로 모성애는 유전되는 것이 아니라 엄마에게서 받은 사랑을 물려주는 것임을 알 수 있다.

동물학자 콘라트 로렌츠Konrad Lorenz는 알에서 갓 부화한 오리가 자신을 따라오는 모습을 공개했다. 그는 동물에게는 태어나자마자 처음 본 물체에 강한 유대감을 느끼는 '각인'이 있다고 주장하였다. 심리학자 존 볼비John Bowlby는 로렌츠의 개념을 인간에게도 적용해서 아이와 엄마는 서로에게 애착을 형성하려는 본능적 동기가 있다고 보았다. 볼비는 진화론적인 관점에서 아이는 어떻게든 엄마를 옆에 두려는 본능적인 욕구가 있고, 아이에게 애착을 느끼는 엄마의 행동 역시 본능이라고 했다.

안정된 애착을 형성한 유아동은 애착 대상인 엄마뿐만 아니라 타인에 대해서도 긍정적이고 안정적으로 적응한다. 정서적으로 안정된 유대감을 형성한다는 뜻이다. 주양육자는 아이에게 충분한 자극을 주어야 하고, 아이가 울음 등 관심을 요구하는 신호를 보낼 때 신속하게 반응해야

로렌츠 박사를 어미로 알고 졸졸 따라다니는 새끼오리들.

한다. 반드시 적절한 도움을 주어야 한다.

그러나 주양육자가 자극을 적게 주고 따뜻하게 대하지 않고 신속한 반응을 보여주지 못한다면, 애착 형성의 기간은 오래 걸릴 뿐만 아니라 애착의 강도도 약해진다. 결국 불안정한 애착을 형성할 수밖에 없다. 불안정한 애착을 형성한 유아동은 애착 대상에게 부정적인 내적 표상을 가져 자신을 가치 없는 존재로 인식한다. 내적 작동 모델을 형성하여 타인을 위험하다고 느끼고 회피하며 부정적인 행동을 한다. 낮은 자아상으로 이어지는 결과를 낳기도 한다.

애착 유형은 주양육자(어머니)의 일관성 있고 민감한 반응의 차이에 기인한다. 안정애착일수록 애정이 있고 민감한 반응을 일관적으로 보인다. 반면에 회피애착은 양육자가 무감각할 때 나타난다. 저항애착은 엄마가 곁에 없으면 슬퍼하지만 막상 엄마가 돌아오면 엄마를 거부하는 행동을 보인다. 혼란애착은 가장 큰 불안정성을 보이는 유형으로 아이는 여러 가지 모순되고 혼란스러운 반응을 보인다. 애착은 환경에 대한 자신의 행동 조절, 인지, 성격, 사회성 발달에도 영향을 미친다. 안정된 애착 형성은 영유아기 및 유아동기 때 중요한 사회적·정서적 과제다. 이를 위해선 주양육자인 어머니의 역할이 크다고 할 수 있다.

아기 물고기는 슬퍼요

6세 남자아이

어항 속 물고기들은 모두 기분이 좋지 않다. 그림의 오른쪽 아기 물고기는 자신을 표현한 것이다. 가운데와 왼쪽 물고기는 화가 나 있는 엄마와 아빠를 상징하고 있다. 엄마, 아빠 물고기는 항상 자신을 혼내고 아기 물고기를 사랑하지 않는다고 말했다. 아기 물고기는 슬프다. 아이는 어항 속 물고기 가족을 통해 부모에 대한 감정을 드러내었다. 부모에 대한 불만을 진하고 강한 연필선, 표정으로 표현했다. 어항 하단부에는 과거 어린 시절 사랑받지 못하고 있는 아기 물고기를 그렸다. 불안정한 애착 형성으로 인하여 가족 간의 유대감 형성이 안정적이지 않음을 알 수 있다. 맞벌이 가정의 아이는 현재 부모에게 불안한 정서를 느끼고 있다. 부모에 대한 불신감이 아이의 2차적 환경 적응에도 부정적인 영향을 미칠 수 있다. 부모와의 관계 회복으로 안정적인 유대감을 형성하게 하고 부모에게 사랑받고 있다는 것을 알려주어야 한다.

뭘 해야 할지 모르고 의욕이 없는 아이

7세 여자아이

이 아이는 가정과 어린이집에서 의욕이 없고 뭘 해야 할지 몰라 한다. 부드러운 점토를 이용한 점토 자유 작업에서 아이는 점토의 질감을 자유롭게 만지는 것조차 어려움을 토로했다. 결국 작업을 마무리하지 못하고 포기하였다. 아이는 유아기 때 어머니와의 애착이 불안정하게 이루어졌다. 어머니와 떨어질 때 굉장히 두려워하거나 회피하는 태도를 보이는 등 혼란애착이 형성된 것으로 보인다. 그로 인하여 자신의 정서나 하고자 하는 일에 대해서 판단하지 못하고 우유부단한 모습이 나타난다. 이러한 아이에게는 특히 안정감을 느끼게 해주는 것이 중요하다. 자신이 사랑을 받고 있으며 부모님도 자신을 사랑하고 있음을 알려주어야 한다. 점토와 같은 부드러운 재료를 사용하면서 심리적 안정감을 느낄 수 있도록 유도해야 한다.

애착이 잘 이루어진 걸 어떻게 알 수 있을까?

애착의 유형은 아기들이 낯선 상황에서 엄마와 떨어지고 다시 만날 때 어떤 행동을 보이는지 관찰한 것으로, 다음과 같이 네 가지로 분류된다.

안정애착 Secure Attachment

안정애착이 잘 형성된 영아는 낯선 상황에서 어머니로부터 비교적 쉽게 분리된다. 어머니와 낯선 사람에게 긍정적 행동을 보이고 어머니가 보이지 않아도 늘 자신 곁에 있고, 언제든지 올 거라는 것을 알고 있다. 어머니와 격리될 때 다소 동요하긴 하지만 곧 상황에 적응한다. 능동적으로 다른 위안을 찾고 안정감을 유지하려고 노력한다. 안정애착을 형성한 영아들은 어머니의 부재에 대해 크게 불안해하지 않고 낯선 환경에 대해 비교적 안정적인 반응을 보인다.

회피애착 Avoidant Attachment

회피애착을 보이는 영아들은 어머니가 있을 때에도 어머니에게 반응하지 않는 것처럼 보인다. 어머니가 떠났을 때 동요하지 않고 부모에게 하는 것과 같은 방식으로 낯선 사람에게 반응을 보인다. 어머니가 떠나도 울지 않으며, 어머니가 나타나더라도 회피하거나 못 본 척하는 등 어머니와의 관계에서 친밀감을 추구하지 않는다. 어머니와 낯선 사람을 대할 때 별 차이가 없다.

저항애착 Resistant Attachment

저항애착 유형은 낯선 사람을 두려워하고 어머니로부터 떨어지지 않으려고 한다. 어머니가 방을 떠나기 전부터 불안해하고 어머니와 떨어질 때 매우 심한 분리불안이 나타난다. 낯선 사람을 탐색하려 하지 않고 어머니가 돌아와서도 안정감을 얻지 못하고 분노를 보인다. 어머니를 밀어내는 등 격리 전과 상반된 행동을 보인다.

혼란애착 Disoriented Attachment

혼란애착은 불안이 가장 심한 유형이다. 회피애착과 저항애착이 결합된 형태다. 대부분 멍한 얼굴 표정으로 자신의 정서를 전달하고 무감정 혹은 우울한 정서로 어머니를 대한다.

사회성
친구와 잘 어울리지 못하는 아이

인간은 혼자선 살 수 없다. 아이들이 처음에는 부모와 애착관계를 갖지만 3세 정도가 지나면 또래관계에서 사회성을 배운다. 애착관계가 이동하는 것이다. 이는 당연한 현상이다. 친구와 재미있게 노느라 해 지는 줄도 모르고 밥 먹는 것도 잊은 채 놀이터에 있다면 나는 그 아이를 칭찬해주고 싶다.

요즘 엄마들이 가장 무서워하는 일이 우리 아이가 집단 따돌림(왕따)을 당하면 어떻게 하느냐다. 부모가 상냥하고 이웃과도 잘 지내고 아이의 친구들에게도 잘 대해주면 아이 또한 사람 사귀는 것을 두려워하지 않고 친구들과 잘 지낸다. 아이들은 또래와의 관계에서 세상을 배우고, 양보하고 타협하는 법, 조직의 규칙을 배울 뿐 아니라 다양한 문화도 접한다.

아이는 부모를 따라 하며 성장한다

1945년 카우아이 섬에서 임신을 한 산모들을 대상으로 연구가 진행되었다. 엄마 배 속에서부터 30세가 넘는 성인이 될 때까지 카우아이 섬의 환경이 성격, 사회성, 정신질환 등에 어떤 영향을 미치느냐를 실험한 것으로 총 698명이 참여하였다.

연구 결과 부모의 성격이나 정신건강에 결함이 있을 경우 아이들에게 나쁜 영향을 미쳤다. 아이와 부모의 관계에 따라 자율성과 자기 효능감도 달라지는 것으로 나타났다. 여자아이가 남자아이보다 외부 환경을 더 잘 이겨낸다는 결과도 있다. 또한 어린 시절 부모로부터 사랑과 신뢰를 받고 자란 아이들이 고난에 처했을 때 극복하는 능력이 뛰어나다고 한다.

프로이트는 부모의 가치 기준을 아동이 내면화하는 과정에서 양심이 발달된다고 말했다. 부모가 예절, 습관, 공중도덕, 질서 등과 같은 규칙을 지켜야 할 때 너무 허용적인 태도를 보이면 자녀는 자신의 행동 한계를 알기 어렵다. 그러면 아동은 과잉행동이나 공격적인 행동을 보일 수 있다. 따라서 이러한 경우에는 자녀의 자율에 맡기기보다는 부모의 권위로 행동에 대한 한계를 제시해줄 필요가 있다.

교육심리학자 알버트 반두라Albert Bandura에 따르면 자녀는 부모의 칭찬을 받아 좋은 행동을 지속하기도 하지만, 부모의 좋은 행동을 관찰하는 것으로도 부모와 같은 행동을 할 가능성이 높아진다고 한다. 즉, 부모가 다른 사람을 돕고 배려하는 모습을 본 자녀가 그러한 행동을 따라 하는 것은 부모의 행동을 가치 있는 행동으로 선택했다는 것을 의미한다. 자녀는 부모의 행동을 통해 스스로 가치 있는 행동으로 내면화시키고 그 행동을 반복하고 지속할 가능성이 높다.

아이의 사회성은 사회화 경험에 달렸다

유아동기에 접어들면 자기중심적인 영아기 때보다 좀 더 사회적으로 적응하고 주변 상황을 알아차리는 단계에 이른다. 점점 타인의 입장을 이해하고 다른 사람의 관점을 알게 된다. 이 시기에는 언어 능력이 발달함에 따라 자신의 의사를 명확하게 설명하고, 감정을 표현한다. 점차 논리성이 생기고 사회적 기술이나 친사회적 행동과 가치를 학습한다. 또래관계를 형성하면서 사회의 구성원으로서 갖추어야 할 규범과 사회성 발달을 시작한다.

유아동기에는 부모와의 관계와 또래관계를 바탕으로 자신이 속한 사회에서 필요한 기술과 능력을 습득한다. 학교와 친구, 가정의 상호작용을 통해 사회적 성격 발달이 뚜렷해진다.

대부분의 아이들은 서로 만족할 만한 관계를 형성하는 한 명 또는 몇 명의 또래들과 친구관계를 발전시켜 나간다. 이러한 관계는 자발적으로 형성하고 서로 의존하면서 이루어진다. 정신적·물질적 교환도 함께 주고받는다.

유아들의 친구관계는 상호적인 친구관계와 일방향의 친구관계로 나눈다. 상호적인 친구관계는 특정한 두 명의 유아가 서로 친한 친구라고 생각하는 경우이고, 일방향의 친구관계는 한쪽 유아는 상대를 친구로 생각하는데 상대 유아는 그렇지 않은 경우이다.

모쉬 벤시몬Moshe Bensimon은 아동기 사회성은 아동 스스로가 사회화 경험을 얼마나 많이 하느냐에 달려 있다고 말한다. 사회성이 결핍된 유아동은 학교 및 집단생활에 잘 적응하지 못하고 교우관계에서도 적절한 대응을 하지 못한다. 타인에 대한 경계심이나 열등감이 강하고 자기중심적이며, 환경과 조화를 이루지 못하고 문제 해결 능력이 떨어진다. 또한 부정적이고 파괴적인 대인관계에서 자신을 보호하지 못하고 사회 불안증, 사회 공포증, 사회적 고립과 위축, 공격적 행동, 부정확한 언어 사용, 타인의 시선 회피, 의존적 성격을 초래할 수 있다. 사회성 부족은 정서 문제, 주의력 결핍, 과잉행동, 낮은 지적 수준, 자기 통제력 저하, 불안정한 양육 환경에서 그 원인을 찾을 수 있다.

자존감을 높이고 대인관계를 개선하여 타인과의 원만한 상호작용을 경험해야 한다. 자기 자신을 이해하고 다른 사람들과 만족스러운 대인관계를 이루면서 원만한 인간으로 성장할 토대를 만들어야 한다. 뿐만 아니라 사회성 발달은 유아의 사회적·인지적 발달 및 정체감, 가치, 신념 등을 형성하는 데 영향을 미칠 뿐 아니라 성 역할 발달과 자아 개념 형성에도 영향을 미치기 때문에 가정의 노력이 필요하다.

현대 사회에는 한 자녀 가정이 대부분인데다 아이들은 사람과 관계를 맺기보다 컴퓨터나 휴대전화 등을 갖고 노는 시간이 많다 보니 남을 배려하거나 어울려 사는 방법을 익히지 못하는 경우가 많다.

아이의 사회성 발달에서 가장 중요한 것은 가정 내에서 부모와 다양한 상호작용을 통해 민주적이고 수용적인 인간관계를 경험하고 학습하는 것이다. 가정 내 원만한 상호작용이 이루어지지 않은 아동의 경우 다양한 행동 양식과 역할, 가치나 규범 등의 문화를 내면화시켜 행동하는 기술이 부족하다. 자기중심적 사고가 강하고 타인을 배려할 줄 모르다 보니 대인관계를 형성하는 능력이 부족한 것이다.

이 경우 부모는 칭찬이나 인정과 같은 사회적 강화 자극을 통해 아이가 다른 사람들과 적극적으로 관계를 맺고 사회화 경험을 지속해나갈 수 있도록 도와주어야 한다. 부모가 아이를 칭찬하고 격려할 때는 일관성 있는 태도를 유지하는 것이 중요하다. 비난보다는 격려, 결과보다는 과정을 칭찬하도록 하자. 그러기 위해서는 부모 자신의 정서가 안정되어야 하며, 가끔은 인내심이 필요할 때도 있을 것이다.

일상생활에서 아이 스스로 책임감을 갖고 할 수 있는 일을 맡기는 깃도 사회성 발달에 도움이 된다. 아이들은 어려운 일을 해결하고 실패를 이겨내는 경험이 거듭되는 가운데 성장하기 때문이다.

치료실에 찾아 오는 많은 아이들의 공통점은 모든 선택권이 부모에게만 있다는 사실이다. 그러니 실패를 딛고 일어서거나 도전하는 힘이 약해질 수밖에 없지 않겠는가.

15년 전부터 우리 아이들이 지극정성으로 키운 거북이 두 마리가 아직도 살아 있다. 어느 날 내가 금붕어 두 마리를 집에 사왔다. 아이들이 이상하게 돌보지도 않고 먹이도 주지 않는 것이 이상해서 거북이는 잘 돌보면서 금붕어는 왜 잘 돌보지 않는지 물어봤다.

"금붕어는 우리가 키우고 싶어 한 게 아니잖아요."

그 일이 있은 뒤 나는 아이들에게 충분한 선택권을 주는 것이 얼마나 중요한지 알게 되었다.

에릭슨의 심리사회적 발달 단계

1단계 (출생~18개월)	어머니가 중요한 인물로서의 역할을 담당한다. 영아는 필요한 주의와 자극을 부모에게서 받고 부모에게 사회적인 자극을 보낸다.
2단계 (18개월~3세)	아버지 역할이 중요한 시기다. 타인의 도움을 받으려는 것과 독립적인 존재가 되려는 욕구 간의 갈등을 경험한다.
3단계 (3~6세)	가족이 중요한 역할을 담당하는 시기로, 환경에서 다양한 사회적 역할을 배운다.
4단계 (5~12세)	이웃과 학교가 중요할 역할을 하고 문화에서 연령에 맞는 책임감을 익혀간다.

내 주위엔 아무도 없는 것 같아요

8세 여자아이

이 아이는 친구를 사귀는 데에 어려움을 겪고 있다. 그림은 어젯밤 꾼 꿈의 한 장면을 표현한 것이다. 넓은 벌판에 혼자 서서 주위에 누가 있는지 소리를 질렀지만 아무도 나타나지 않았다고 한다. 그러면서 자신을 좋아하는 사람과 도와주는 사람은 아무도 없는 것 같다고 말한다. 아이가 그린 인물의 크기는 현재 본인이 느끼고 있는 자아상이다. 무게중심이 그림 하단으로 치우쳐져 있는데 현재 위축되어 있는 자신의 모습을 드러낸 것으로 보인다. 전반적으로 사용한 갈색은 심리적으로 수동적인 느낌을 주는데 이것은 운동성이 적고 적응 능력이 결여된 상태를 의미한다. 이 아이는 또래관계로 인해 자아상이 매우 위축되어 있는 상태로 집단 활동을 통하여 자연스러운 상호작용을 유도해야 한다. 사회성 향상을 통하여 자신감을 높여주고 자신도 가치 있는 사람이라고 느낄 수 있도록 도와주어야 한다.

나와 친구들

6세 여자아이

우주에서 나를 닮은 행성을 그린 뒤 나를 중심으로 친구들을 행성으로 표현 하였다. 그림의 상단에 머리를 묶고 있는 인물은 자신을 표현한 것이고 자신 을 중심으로 친구들을 그렸다. 행성으로 표현한 친구들과 자신은 모두 웃는 모습이다. 그림 속 분위기는 전반적으로 긍정적이고 함께 이야기하며 상호작 용하고 있는 모습이다. 아이의 대인관계가 원활함을 유추할 수 있다.

칭찬나무 만들기

6세 아동 집단 활동

집단 프로그램 마지막 시간에 자신에 대한 칭찬을 열매로 만들어 나무에 붙이는 활동을 하였다. 아이들은 자신이 생각하는 자기 장점들을 스스럼없이 표현한다. 거창하거나 무언가 대단한 일들은 아니지만 자기 자신을 장점을 지닌 사람으로 인식한다. 서로 협동하여 하나의 나무를 완성시키는 것은 자존감 향상 및 사회적 상호작용을 키울 수 있는 좋은 기회다.

친구와 약속을 만들어요

7세 아동 집단 활동

소극적이며 사회성이 부족한 7세 아동들의 집단 활동 작품이다. 아이들은 집단 미술치료 프로그램에 참여하면서 집단 내에서 자연스럽게 미술로 소통하였다. 미술시간에 지켜야 하는 약속들을 함께 정하고 작품으로 완성시킴으로써 성취감을 느끼고 집단 안에서 자연스럽게 사회화를 경험하였다. 이처럼 집단 작업은 타인에 대한 경계심을 낮추고 조화를 이루면서 대인관계능력 향상에 긍정적인 영향을 미친다.

우울증
갑자기 밥도 안 먹고 잠도 못 잔다면?

영아기 때의 우울증은 엄마와 떨어지는 것과 관련이 있다. 엄마에게 애착을 보이는 아이를 엄마와 떨어뜨려 놓으면 처음에는 울며 보챈다. 그러다 시간이 지나면 수그러들고 좀 더 시간이 지나면 아이는 활동이 줄고 주위에 관심이 없어진다. 이러한 일련의 변화가 소아기 우울증의 형태라 할 수 있다.

사춘기까지는 어린이 우울증으로 분류한다. 우울 증상이 있는 아이는 자주 울고 평상시에 재미있어하던 놀이에도 흥미를 잃는다. 식욕이 떨어지거나 아니면 지나친 식탐을 보이기도 하고, 잠을 잘 자지 못하거나 반대로 잠만 자려고 한다. 어린아이들의 경우 스스로 '우울하다'거나 '기분이 안 좋다'는 표현을 하지 못하므로 행동의 변화나 신체의 이상

증상을 나타내지는 않는지 잘 살펴야 한다.

반복적으로 감정 폭발이 일어나고, 상황과 자극에 대해 지나친 반응을 보이는 기간이 길어지고, 발달 수준에 맞지 않는 행동을 하며, 주 3회 이상 분노를 표출한다면, 그리고 이러한 증상이 3개월 이상 휴지기 없이 나타난다면 의사는 우울증 진단을 내린다.

심리학자들의 연구에 따르면 우울 증상은 발달학적 차이를 보인다. 사춘기 이전에는 우울한 모습, 신체 증상 호소, 초조, 불안, 공포증, 환각 등이 우울증의 주요 증상이다. 사춘기 이후에는 과수면, 체중 변화, 수면장애, 공격적 행동, 자살 시도 등의 증상을 보인다. 우울증은 일반적으로 발병 연령이 어릴수록 만성적인 경과가 많다. 우울증은 불안장애, 품행장애, ADHD, 물질 남용 등의 정신질환과 자주 동반되며, 60~70퍼센트는 성인기에 재발하는 것으로 나타나므로 적극적인 조기 진단 및 치료가 필요하다.

우울증은 뚜렷한 유전적 소인을 보인다. 〈미국 소아청소년 정신의학 저널〉에 따르면 우울한 부모에게서 태어난 아이는 우울증에 걸릴 확률이 정상 아이에 비해 3배가 높고, 발병률은 15~45퍼센트에 달한다고 한다.

우울증은 생화학적, 신체적, 유전적, 사회·심리적 요인으로 나뉜다.

생화학적 접근은 뇌의 화학적 변화에 주목한다. 두뇌의 세포는 1초마다 수십억 가지 이상의 정보를 전달한다. 이때 신경전달물질이라는 생화학적인 전달자가 적정한 수준에 있을 때 두뇌 기능은 균형을 이룬다. 신경전달물질에는 세로토닌이나 도파민 같은 것들이 있다. 감정 조절과 학습 등과 관계가 있는데 이러한 신경전달물질의 분비 시스템이 깨지면 우울증이 생긴다.

유전적 요인으로는 가족력이 있다. 아직까지 정확히 밝혀진 것은 아니지만 유전적 요인이 아니더라도 성장하면서 우울감에 자주 시달리는 사람들과 함께 생활하면 영향을 받을 수 있다. 가정의 양육 환경과 부모의 학대와 방임, 폭력 등은 아동의 우울감을 증가시킨다.

우울증의 치료 방법으로는 항우울제를 이용한 약물치료가 있다. 깨진 신경전달물질 분비 시스템을 바로잡아 안정적인 감정 회복을 돕는다. 항우울제는 약이 효과를 나타내기까지 6주에서 7주 이상의 시간이 걸린다. 약물치료 외에 정신치료도 함께 이루어진다. 놀이치료, 정신 분석, 가족 상담 등의 치료도 있다.

우울증을 겪는 아이에게는 우울감을 줄이기 위해서 자신의 잘못된 생각과 행동 등을 직면하게 해주는 인지행동적 접근의 미술치료가 도움이 된다. 우선 아이가 부담을 갖지 않고 간단히 실행할 수 있는 일을 실천하게 한다. 작은 일이라도 끝마치고 나면 성취감과 자신감을 찾는 데 도움이 된다. 부모가 아이의 말에 적극적으로 귀를 기울여주는 태도를 보이면 자신이 보호받고 도움받고 있다는 생각에 안정감을 느낀다. 공감과 지지를 해주면서 아이가 우울한 감정과 증상에 대해 표현할 수 있게 하고 스트레스에 적절히 대응하도록 도와준다.

여러 아이들과의 교류도 중요하다. 교류는 자신의 문제 행동에 대한 대처 방법이나 긍정적 행동에 대한 강화, 나이에 맞는 상호 대화법을 배우고, 사회성을 키우고 성취감을 맛보도록 할 수 있다. 가족 면담을 통해서는 부모와 자녀와의 관계 등을 교정할 수 있다.

우울증을 예방하기 위해서는 무엇보다 부모의 역할이 중요하다. 아이의 행동을 잘 관찰하고 자주 관심을 기울이면서 아이에게 "괜찮아?", "도와줄 일은 없니?", "기분이 어때?" 하고 물어보는 것이 좋다. 아이를 학원에 보내는 것보다는 또래 아이들과 어울려 건강하게 지낼 수 있는 환경을 만들어주는 것이 좋다.

아동의 우울증은 남자아이보다는 여자아이에게서, 형제나 자매가 있는 아이보다는 외동에게서 발생할 확률이 높다. 외동아이는 친구를 사귈 수 있는 환경을 만들어주어야 한다. 자신의 일상이나 문제에 대해 부모에게 터놓고 이야기할 수 있는 것도 중요하다. 자신의 이야기를 털어놓는 것만으로도 우울감을 해소할 수 있다.

어린이 우울증이 맞벌이 가정에 많을 것이라고 생각하기 쉽다. 그러나 우울증의 원인은 엄마의 사회생활 자체에 있는 것이 아니라 엄마가 아이에게 사랑과 관심을 얼마나 보이느냐에 있다. 아이에게 말이나 스킨십을 통한 애정 표현도 좋지만, 말로만 하는 표현과 억지웃음은 도움이 되지 않는다. 아이와 함께 보내는 시간과 진심이 담긴 애정 표현을 통해 아이의 우울증을 막을 수 있다.

바다에 가고 싶어요

8세 남자아이

아이는 검은색 도화지를 배경으로 파란색 바다를 그렸다. 아이는 저녁 바다라고 말하고, 바다에 가고 싶다고 한다. 그림에는 바다를 상징하고 있는 파란 선 이외에는 바다를 묘사한 부분이 없다. 파란색은 보통 안정감을 주고 편안함을 느낄 수 있게 한다. 조용한 이미지 장면에서는 우울감을 나타내고 더 이상의 묘사를 원하지 않았다. 그림 하단에 바다의 물결이 드러난 것으로 보아 낮은 에너지 수준을 드러낸다. 억압되고 침체된 아이의 에너지를 높여주는 일이 시급하다. 우울감이 생긴 원인을 찾아내어 정서 안정을 도와야 한다.

집 속의 집

9세 남자아이

큰 집 속 또 다른 작은 집에 있는 자신을 표현한 그림이다. 맞벌이 가정의 아이는 학교가 끝나고 집에 돌아오면 항상 혼자서 엄마와 아빠를 기다리고 있다. 혼자 있는 시간과 빈 집이 정말 싫다고 한다. 자신이 방 안에 들어가 있을 때에는 쓸쓸한 기분이 든다고 설명했다. 부모는 항상 늦게 귀가하기 때문에 가족 간의 대화 시간이 없는 아이는 일상을 함께 나눌 사람이 없다. 우울함과 쓸쓸한 감정이 작은 크기의 그림과 회색, 남색, 검정색, 파란색으로 드러나고 있다. 현재 아이는 자신만의 세계에 갇혀 우울한 감정을 느끼고 있다. 아이에게는 가족에 대한 안정감을 느끼게 해주는 것과 더불어 아이가 흥미 있게 집중할 수 있는 일을 제시해 줄 필요가 있다. 놀이 요소가 있는 미술치료 프로그램으로 우울한 감정으로 인해 위축된 자아를 회복시켜줄 기회를 주어야 한다.

분노 조절
화가 나면 다른 사람을 때리는 아이

분노 조절이란 자신의 분노를 지배, 조절, 관리하여 타인에게 해를 주지 않고 건전하게 관리하는 것을 말한다. 유아동기 때의 분노 조절은 타인의 정서와 자신의 정서를 정확하게 인식하고 적절하게 표현함으로써 나타난다. 분노 조절은 원만한 또래관계 형성에도 영향을 미친다.

생후 15주부터 나타나는 분노는 주로 울음을 통해 표출된다. 이 시기 아이들은 울거나 소리를 지르고, 팔과 다리를 허공을 향해 차는 등의 행동으로 분노를 표출한다. 분노를 유발시킨 사람에게 직접적인 공격을 하기도 한다. 부당한 대우를 받고 정당하지 못한 폭력이나 위협을 당할 때, 자신의 기본적 욕구가 제지당하거나 물건을 뺏기고 욕이나 놀림을 당할 때 분노가 유발된다. 분노의 강도가 높고 분노에 대한 조절 능력이 부족하면 공격적인 행동과 문제 행동을 보여 사회적 상호작용을 방해한다.

분노를 표현하는 방식은 특정한 사회적 맥락의 영향을 받아 발달한다. 아동기 분노 조절을 위해서는 가정 내 양육 태도 변화가 중요하다. 분노는 그 원인이 무엇이든 간에 적대적인 공격, 반항성 또는 품행장애로 이어진다. 성인기까지 영향을 미쳐서 신체적 질병을 유발하기도 하므로 적절하게 다루어야 한다.

프리버그Freeberg에 의하면, 분노에 대한 적절한 표현법을 배우지 못하면 환경에 비효율적으로 대처하고 지각하며, 결국 사회적으로 바람직하지 않은 방식으로 표현하고 만다. 아동의 문제 행동이나 행동장애의 이면에는 해결되지 않은 분노가 숨어 있다. 분노 문제를 해결하는 것은 정서장애, 불안장애, 성격장애, 약물장애 등을 예방하는 데 도움을 줄 수 있다. 개인의 삶 속에서 분노를 적절히 통제하는 일은 긍정적 사회 행동과 건강한 대인관계를 형성하는 데 바탕이 된다.

분노 조절이 어려운 아이에게는 분노가 유발되는 원인을 탐색하는 일이 중요하다. 종이를 찢고 점토 활동을 하는 등 자신의 감정을 표출시킬 수 있는 작업을 통해 감정을 정화시켜 나가야 한다. 미술활동을 통해 아이의 억제된 감정을 분출시키고 부정적인 감정을 긍정적인 감정으로 승화시킬 수 있도록 도와주어야 한다.

엄청난 사고 현장

10세 남자아이

현재의 기분을 교통사고가 난 현장으로 그려주었다. 차가 뒤집어져 있고 피와 불이 범벅이 된 현장이라고 한다. 아이는 평소 사소한 일에도 거친 말투와 폭력적인 행동을 보인다. 자신의 의사를 표현하고 친구들과 의견을 조율하는 데 있어서 항상 어려움을 겪고 통제되지 않는 모습이 보인다. 그림 속에서 빨간색으로 표현하고 있는 불과 피는 내재된 분노다. 아이는 자신의 감정을 적절하게 표현하고 절제하는 능력이 떨어지는 동시에 분노를 조절하는 능력이 부족하다. 자신의 현재 상태를 위험 상황인 교통사고로 표현한 것이다.

화가 나면 이렇게 변해요

9세 여자아이

화가 나기 전후 모습의 변화를 그렸다. 아이는 얼굴 표정, 옷과 머리 모양, 색깔의 차이를 통해서 분노 상황에서 자신의 모습을 되돌아보았고 과거 자신이 분노한 이유, 화가 나면 나타나는 신체적·행동적 변화를 그림으로 표현하였다. 동생과의 다툼, 잔소리하는 엄마를 떠올렸다. 그림 속에 화가 난 자신의 모습이 마음에 들지 않고 이상하다고 하며 다음부터는 먼저 화를 내지 않고 예쁜 얼굴을 유지하고 싶다고 선생님과 약속하였다. 이 아이는 비교적 자신이 분노의 상황을 받아들이고 조절하고자 하는 모습을 보였다. 그림을 통해 자신의 분노 요인을 알아보고 문제 행동을 줄이기 위해 노력하고자 하는 모습을 나타냈다.

ADHD
한시도 가만 있지 못하는 아이

주의력결핍 과잉행동장애Attention Deficit Hyperactivity Disorder, ADHD는 유아동기
에 많이 나타난다. 지속적으로 주의력이 부족하여 산만하고 과잉행동,
충동성을 보이는 상태를 말한다. ADHD는 학령기 아동의 3~5퍼센트
정도로 추정될 만큼 많이 퍼져 있다. 미국에서는 200만에서 1,300만 아
동이 ADHD를 겪고 있다. 평균적으로 한 교실에 한 아동이 ADHD라는
말이다. ADHD 증상을 치료하지 않고 방치할 경우 아동기 내내 여러 방
면에서 어려움을 겪는다. 일부 청소년의 경우 성인기가 되어서도 증상
이 지속된다.

　ADHD로 진단되는 아동들은 매우 다양하고 이질적인 집단이다. 정확
한 원인은 알려지지 않았으나 ADHD의 증상은 아이들마다 매우 다양

한 모습으로 나타난다. 일반적으로 유전적 요인이나 미세한 뇌손상 등 생물학적 요인, 부모의 성격이나 양육 방식과 같은 심리사회적 요인이 복합적으로 작용하여 생긴다.

　ADHD 아동들은 자극에 선택적으로 주의집중하기 어렵고 지적을 해도 잘 고쳐지지 않는다. 선생님의 말씀을 듣고 있다가도 다른 소리가 나면 금방 그곳으로 시선을 옮긴다. 시험을 보더라도 문제를 끝까지 읽지 않고 풀다가 틀리는 등 한곳에 오래 집중하는 것을 어려워한다. ADHD 아동들은 허락 없이 자리에서 일어나고 뛰어다니고, 팔과 다리를 끊임없이 움직이는 등 활동 수준이 높다. 생각하기 전에 행동하는 경향이 있고 말과 행동이 많다. 규율을 이해하고 알고 있는 경우에도 급하게 행동하려는 욕구를 자제하지 못한다.

　ADHD 치료 시에는 약물치료 외에 병에 대한 정확한 정보와 아이를 도와줄 수 있는 부모의 역할이 중요하다. 약물치료가 ADHD 아동의 핵심 증상에 영향을 미쳐 집중력을 향상시키고 여러 문제 행동을 개선시켜주지만 대인관계나 자아 개념, 사회성 등 2차적 영역의 문제점은 개선하지 못한다. 따라서 사회학습이론에 근거하여 부모에게 ADHD 아동에 대한 치료 기법을 교육시켜 시행하는 방법이 효과적이다.

　부모가 ADHD 아동의 문제점을 이해하고 좀 더 긍정적인 방법으로 자녀를 대해야 한다. 흔히 ADHD 아동은 엄마와의 관계에 어려움을 겪는다. 아동은 엄마에게 부정적이고 비순종적으로 반응하고, 엄마는 이에 부정적 · 지시적 · 통제적으로 반응하게 된다. 이러한 상황이 지속될 경우 엄마는 양육 스트레스로 인해 우울감이나 고립감, 무력감 등을 갖게 되어 바람직하지 못한 양육 태도를 보이는 악순환을 겪는다. 따라서 부모는 ADHD 아동의 행동을 이해하는 교육을 받고 아동의 문제 행동을 다루는 양육법을 익혀야 한다.

ADHD 아동을 둔 부모에게 필요한 양육법으로는 아이와 효과적으로 의사소통하는 방법, 적절하게 보상하고 처벌하는 방법, 긍정적인 감정과 부정적인 감정을 표현하는 방법 등이 있다. 또한 학습치료, 놀이치료, 사회성 그룹치료 등 아이에게 맞는 치료법을 선택해 기초 학습 능력이 향상될 수 있도록 도와주는 것도 중요하다.

ADHD 아동을 다루기 위해서는 아동의 행동에 대해 긍정적이든 부정적이든 즉각적으로 피드백이나 결과를 주는 것이 좋다. 가능하면 피드백을 자주 줘서 올바른 행동을 유도하고, 그릇된 행동을 줄이기 위해 더 강력한 결과를 줘야 한다. 이때 긍정적 보상이 없는 처벌만으로는 효과가 없기 때문에 그릇된 행동을 처벌하기 전에는 올바른 행동에 대한 동기부여를 먼저 하는 것이 좋다.

가장 중요한 점은 아동의 행동을 관리하는 데 있어 항상 일관성을 유지하는 것이다. 부모는 정상 아동에 비해 ADHD 아동이 선천적으로 문제가 있다고 생각한다. 그래서 아동의 문제나 장애를 항상 부모 자신의 잘못으로 돌리는데, 그러지 않길 바란다. 자녀가 행하는 잘못된 행동에 대해 용서하고 불쾌한 감정 상태를 털어버리자. 아이의 문제 행동으로 인해 아이도 힘들어한다는 사실을 인정하는 것이 필요하다.

ADHD 아동에게는 일관성 있는 미술치료가 필요하다. 미술치료를 계획할 때 준비, 작업, 토론, 정리의 체계적인 단계를 통해서 아이가 자신의 행동에 대해 객관적으로 인식할 수 있게 해야 한다. 흥미로운 활동으로 산만함을 극복하게 하고 작업에 대한 제한시간을 주어 주의력을 높일 수 있도록 한다.

ADHD 아동은 일단 자리에 앉는 것부터가 하나의 과제일 수 있다. 일반적으로 미술치료를 한다고 하면 의자에 앉아 책상 위에서 작업하는 것을 먼저 떠올린다. 하지만 신뢰관계가 충분히 형성되지 않은 상태에서 무조건 의자에 앉으라고만 한다면 아이는 지시로 받아들인다. 그들의 흥미를 유발하기 위해 다양한 재료를 활용하면 좋다. 평소에 잘 접할 수 없는 재료를 제공함으로써 자리에 앉아서 미술활동, 작품 완성, 재료 정리 순으로 시간을 활용하게 해야 한다. 관심 있는 재료나 흥미를 보이는 활동을 찾아내기까지에는 많은 시행착오를 거치게 된다.

물론 과정 중에 아이의 반발이나 충동적인 행동, 심지어는 책상 위아래로 뛰어다니는 등 돌발 행동이 일어나기도 한다. 아이를 통제하기 위해서 사전에 미술치료 시간과 규칙을 아이와 함께 나누면 도움이 된다. 규칙을 다시 아이와 함께 되새기며 행동의 허용 범위를 알려주도록 하자. 규칙과 규칙에 따른 일관적인 태도는 아이의 혼란을 줄일 수 있고 아이의 부정적 태도에 대해서도 감정적인 반응을 줄여주기 때문에 도움이 된다.

초록색 괴물이 나타났어요

8세 남자아이

스펀지를 이용해 스텐실 작업을 한 ADHD 아이의 작품이다. 그림의 전체적인 형태는 스펀지를 두드려 찍어낸 모양과 뒤섞여 선명한 색을 찾아볼 수 없을 만큼 둔탁한 색으로 가득하다. 스펀지를 두드린 속도감이 느껴진다. 아이는 자신의 작업에 관심을 보이지 않았다. 그림의 주제가 계속해서 바뀌는 등 집중하지 못하는 모습을 보였다. ADHD 증상을 보이는 아이들에게는 자유로운 형태의 미술활동을 제공하여 흥미를 느끼게 하는 것이 중요하다. 주의력을 높이기 위해 제한시간을 주거나 작업의 종료를 알리는 노래를 사용하는 방법도 있다. 준비, 작업, 토론, 정리 등 체계적으로 접근하여 작업을 지속시키도록 하자.

로봇끼리 싸우고 있어요

9세 남자아이

과잉 행동과 충동 조절에 문제가 있는 아이의 그림이다. 모두 화가 나 있는 로봇과 그 위를 뒤덮고 있는 뒤엉킨 선이 매우 혼란스럽게 보인다. 과잉 행동이나 충동성이 강한 아이는 에너지를 감소시키는 것이 중요하다. 활동성이 많은 작업이나 종이 찢기, 반복적으로 하는 모자이크 작업이 유용하다. 그림에서와 같이 싸움을 하는 등 공격성이 강하게 나타나는 아이는 점토 같은 재료를 활용해 공격성을 표출하게 하는 편이 오히려 심리적인 안정을 줄 수 있다.

ADHD를 조기에 진단하기 위해 알아야 할
대표적인 증세

만 3~5세 아이가 보이는 대표적인 증세	만 6~7세 아이가 보이는 대표적인 증세
• 쉴 새 없이 움직인다. • 식사 때 가만히 앉아 있지 못한다. • 한 장난감을 갖고 오래 놀지 못하며 곧 다른 장난감으로 넘어간다. • 단순한 지시에도 따르지 못한다. • 보통 아이보다 시끄럽게 논다. • 끊임없이 말하고 다른 사람이 말할 때 자주 끼어든다. • 다른 아이와 함께 놀 때 순서를 지키거나 교대로 하지 못한다. • 무례힌 행동올 할 때가 잦다. • 친구를 잘 못 사귄다. • 감정대로 물건을 치워버린다. • 유치원 교사가 "다루기 어렵다" "행동에 문제가 있다"고 말한다.	• 위험한 행동을 해서 사고가 날까 늘 불안하다. • 앉은 자리에서 안절부절못하고 계속 꼼지락거리고 수업시간에 교실을 돌아다닌다. • 쉽게 어수선해져서 숙제나 일을 끝내지 못한다. • 엄마나 교사가 보는 데에서도 문제를 일으킨다. • 매우 거칠게 논다. • 질문에 대해 부적절한 시점에서 대답하고 불쑥불쑥 말한다. • 줄을 서서 기다리지 못하고 놀이나 학교생활에서 다른 아이들과 교대로 행동하지 못한다. • 물건을 자주 잃어버리고 경솔히 행동해 실수를 자주 한다. • 학교 성적의 기복이 심하다. • 친구가 별로 없고 나쁜 평판을 듣는다. • 선생님에게 "학습에 의욕이 없다" "게으르다" "행동에 문제가 있다"는 말을 듣는다.

자폐
사회성이 떨어지는 아이 혹시 자폐일까

자폐스펙트럼 장애(Autism Spectrum Disorder, 이하 자폐증)는 소아정신과 환자 가운데 12퍼센트를 차지하는 대표적인 질환이다. 통계에 따르면 자폐증은 신생아 1만 명당 4.5명 정도 발생하는 것으로 보고된다. 정확한 진단을 내리지 못하는 자폐 행동을 보이는 아동까지 합하면 1만 명당 15명 내지 20명으로 추산되고 있다. 자폐증이 일반인의 관심을 끌게 된 데에는 영화 〈레인맨〉과 〈말아톤〉의 영향이 크다.

실제 천재성을 지닌 자폐인을 모델로 한 두 영화로 인해 사람들의 자폐에 대한 관심이 커지기 시작했다. 자폐아를 자녀로 둔 사회 저명인사들의 커밍아웃을 통해 자폐가 더 이상 남의 얘기가 아니라는 인식이 퍼지기도 했다.

자폐증은 정서장애가 아니라 발달장애

자폐증이란 만 3세 이전부터 시작되는 전반적인 발달장애의 한 형태다. 자폐에는 대표적인 세 가지 핵심 증상이 있다. 첫째, 눈을 마주치거나 표정과 몸짓을 통해서 다른 사람들과 관계를 맺지 못한다. 서로 감정을 주고받지 못해서 냉담하거나 무관심하게 보이는 등 사회적 상호작용에 장해가 나타난다. 둘째, 말을 하지 못하거나, 말을 하더라도 대화를 지속하지 못한다. 다른 사람의 몸짓이나 표정, 말의 의미를 이해하지 못하는 의사소통의 장애가 있다. 셋째, 놀이나 관심을 보이는 분야가 지나치게 제한적이고, 융통성이 없고 반복된 행동을 보이는 등 상상력에 문제를 나타낸다.

사람과 사회적 상호작용에 관심이 없고 사람이 아닌 다른 대상에 관심이 많다. 그리고 그 대상에 높은 집착을 보인다. 언어 발달이 비정상적으로 늦고 강박적이다. 단순하고 기계적인 양상, 즉 괴상한 행동을 반복적으로 되풀이하는 상동행동常同行動이 나타나고 외부 자극에 과장해서 반응한다. 이러한 특징으로 인해 사회적으로 고립되고 발달의 지연과 성숙, 심리적 과정에까지 모두 손상을 주게 된다.

일반적으로 사람들은 자폐를 정서장애의 일종으로 여겨 정서적 결핍이나 심리적인 스트레스 때문에 생긴다고 생각하는 경우가 많지만 실은 그렇지 않다. 심리적·환경적 원인에 의해 발생하는 것은 반응성 애착장애로, 이는 자폐와 전혀 다른 특성을 보인다. 자폐 증상을 보이는 아이도 커가면서 저절로 좋아진다고 생각하는 경우가 있는데, 이는 부모의 희망일 뿐 저절로 좋아지지 않는다. 최대한 빨리 진단하여 조기에 치료적 개입이 이루어져야 한다.

자폐증은 조기 발견이 가장 중요하고 빠르면 빠를수록 예후가 좋다. 또한 전반적인 발달장애이므로 다방면에서의 치료와 도움이 필요하다.

자폐아는 사회성이 부족하므로 계획적으로 사회적인 접촉시간을 가지는 것이 좋다. 아동에게 언어 사용의 동기를 주고 언어를 사용할 수 있는 기회를 많이 만들어주어야 한다. 자폐아는 사회적 접근이 어렵고 다른 사람에게 보이는 반응도 약하다. 부모나 치료사들이 자폐아의 사회적 활동에 적극적으로 개입하여 다른 사람과 접촉하도록 해주는 것이 좋다.

주의력에 결함이 있고 모방행위가 적고 언어 이해력이 부족한 자폐아는 활동과 흥미의 종류가 제한되어 있고 집착하는 경우가 있다. 따라서 학습에도 어려움을 겪는다. 자폐 아동의 학습 지도를 위해선 아이에게 맞는 교육계획을 수립하고 그 기능을 습득할 수 있도록 환경을 조성해주는 것이 필요하다. 또 학습 내용을 실생활과 연결시키는 일이 중요하다. 하지만 너무 학습에 치중하기보단 운동 기술과 아동의 생활 독립이 가능하도록 신변 처리 기술 등 사회성 향상 등에 교육 목표를 우선시해야 한다.

자폐 아동은 기분이 좋지 않거나 심심할 때 또는 자극이 없는 환경일 때 상동행동을 보이기도 한다. 인공적인 감각 자극을 주어서 상동행동을 통해 받을 수 있는 만족감을 방지할 필요가 있다.

자폐아에게 미술치료가 좋은 이유

미술치료는 발달장애, 정서장애, 정신적 문제가 생겼을 때 각각의 특성에 맞게 치료의 목적으로 접근한다. 아동의 상태와 문제에 따라 감각과 신체 운동의 반사적 행위와 소근육을 활용한 작업을 한다. 여러 감각을 골고루 발달시킬 수 있는 비정형 재료부터 다양하게 사용한다. 아동이 자율적으로 활동을 주도해 나갈 수 있도록 도와주면 스스로 자존감을 높이고 미적 체험을 통해 감수성과 창의성을 발달시킨다. 자신을 표현할 수 있는 미술활동을 통해 문제를 대면하고 이를 극복하고 승화시킬 수 있도록 하여 지구력과 집중력을 확장시켜 나간다.

자폐 아동의 치료법은 발달 단계 초기에 부모와 아동 간의 유대감 형성을 목표로 해야 한다. 자아 개념 형성, 타인과 자신이 다르다는 인식과 타인에 대한 신뢰감 발달에 목적을 두고 친밀한 신체 접촉, 눈 맞춤, 모방, 공감적 의사소통을 시도해야 한다. 기본적인 사회 상호작용을 하면서 이를 통해 치료 목적을 이루어야 한다. 아이는 출생 직후 일상적으로 시작되는 부모와의 유대감을 상호작용 활동을 통해 촉진한다. 미술치료는 아동의 사회적 참여와 이해 능력을 훈련시키고 고립된 존재에서 탈출할 수 있게 돕는다.

자폐증이 있는 아이에게는 미술치료가 사회적 관계를 형성하고 연습하는 데 유익하다. 다양한 재료로 변화에 대처하고 적응하며 사람에게 관심을 두도록 유도한다. 특히 자폐 아이들은 자신이 관심이 있는 것에 대해서는 세밀한 표현을 하기도 한다. 이때 아이의 장점을 살려 작업을 돕는 것이 좋다. 매개체 선택 시에는 점토와 같은 부드러운 재료를 사용하여 내재된 스트레스를 표출시켜야 한다. 미술에 대한 부담을 덜어주고 부모와의 애착 형성이 어려운 아이는 미술을 통해 부모와 자연스러운 소통을 이끌어내야 한다.

한 자폐 아동이 미술치료를 받으러 병원에 왔다. 다양한 재료를 접하면서 치료 시간에 잘 적응하였다. 이 아동과 처음 대화를 한 단어는 물감의 색 이름이었다. 물감 팔레트의 색을 붓으로 가리키며 무슨 색인지 물었고 나는 물감 색을 대답해주었다. 아이는 물감을 쓰는 것은 좋아했으나 물이 몸에 닿는 것은 싫어했다. 붓을 길게 쥘 수 있도록 해주었고 우리는 물감 색으로만 대화를 했지만 낯선 타인과의 접촉을 아이가 먼저 시도했다는 점에서 의미가 컸다.

보물지도

10세 남자아이

아이는 자신이 가장 좋아하는 보물지도를 그렸다. 자신만 알아보는 암호를 이용하여 지도를 완성했다. 아이는 관심을 두고 집착하는 부분에 대해 굉장한 집중력을 보였다. 사인펜만 사용하여 그림을 완성하였다. 이는 세밀한 묘사를 할 수 있는 재료를 선호하는 자폐 아동의 특성이다. 자폐 아동은 그림을 그릴 때 창작보다는 모방을 많이 하여 자신이 관심 있는 장면을 그리는 경우가 많다. 그리는 주제나 패턴이 비슷한 경향을 보인다.

틱 장애
스트레스를 이상행동으로 표현하는 아이

틱 장애는 자신의 의지와는 상관없이 근육이 움직이는 현상으로, 자신도 모르게 눈을 깜박거리거나 얼굴, 몸을 움직이며 이상한 소리를 내는 등 갑작스럽게 빠르고 반복적으로 하는 운동이나 음성을 말한다. 눈을 자꾸 깜빡거리거나 목 경련, 어깨 찌푸림이나 어깨 으쓱임, 얼굴 표정을 일그러뜨리거나 만지고 뛰기, 발 구르기 등의 증상을 운동 틱이라 하고, 코로 킁킁거리거나 헛기침을 하거나 꿀꿀거리기, 심한 욕설을 반복적으로 하는 증상은 음성 틱이라 한다.

2013년 기준으로 틱 장애 전체 진료 인원 중 82.5퍼센트가 20세 미만 소아·청소년이고, 10대 미만 점유율은 37.1퍼센트에 달한다. 틱 장애는 보통 소아 때 발생하고 성인이 되면서 대부분 증상이 호전되나

30퍼센트 정도는 성인이 되어서도 증상이 지속된다.

틱 장애의 치료법은 항도파민 제제를 사용하는 약물치료와 이완 훈련, 행동 수정치료, 인지치료, 자기 평가 등이 있다. 특히 틱 장애 아동은 틱 증상 외에도 ADHD, 행동장애, 불안장애, 학습장애, 강박장애 등이 동반된다. 이와 같은 스트레스 상황은 틱 증상을 악화시킬 수 있다. 억압되고 부정적인 심리를 안전하고 수용적으로 표출시켜 틱 증상 치료에 도움을 주어야 한다.

틱 장애는 부모로부터 유전될 가능성도 있고 교육, 환경, 양육 등의 요인으로 발생할 수도 있다. 기존 연구에 의하면 틱은 뇌의 도파민과 세로토닌의 이상으로 보인다고는 하지만 아직까지 정확히 밝혀진 바는 없다. 스트레스나 가정환경 같은 심리적인 발병 요인도 있다. 보호자로부터의 과도한 기대나 처벌, 공부에 대한 부담감, 억압된 분노, 욕구 불만, 갑작스러운 환경 변화 등이 영향을 미친다는 것이다.

어머니의 양육 태도 유형에 따라 틱 장애 증상에 정도의 차이가 난다는 연구도 있다. 양육 태도가 좋을수록 틱 증상이 심각하지 않고 이러한 가정에서 자란 아이는 자신의 틱 증상을 스스로 조절하고 스트레스에 유연하게 반응하는 경우가 많았다는 것이다. 한편 틱 장애가 있는 아이를 둔 어머니의 양육 태도는 일반 아동의 어머니보다 부정적이라는 연구 결과도 있다. 일반화시키기에는 무리가 있지만 정서적인 요인이 틱 장애에 영향을 미친 것이라고 볼 수 있다.

틱 장애를 가진 아이는 무엇보다 안정감을 느끼는 것이 중요하다. 부드러운 매개체를 통한 미술치료를 계획하여 이완작업과 자기 관찰, 스트레스 표출 등을 통해 부정적인 감정을 해소시키도록 하자. 묽은 점토 작업이나 핑거페인팅, 젖은 종이에 그림 그리기 등의 미술치료 기법은 흥미를 유발하는 동시에 성취감을 느끼게 하는 작업이다.

스트레스가 극심한 아이는 ADHD와 틱 장애가 동시에 발병하는 경우가 있다.

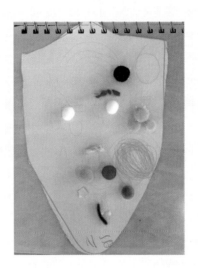

방패가 나를 막아줘요

9세 남자 아이

초등학교에 입학하면서부터 운동 틱이 시작된 이 아이는 현재 음성 틱까지 나타나기 시작했다. 아이는 자신의 증상에 대해 불안증세가 있고 틱 증상으로 인해 스트레스가 높다. 작품은 틱 장애를 막아주는 방패다. 자신이 좋아하는 것은 방패에 흡수되고 나쁜 것(틱 증상)들은 방패가 막아준다고 한다.

틱 장애를 가진 아이들은 자신의 증상으로 인해 스트레스를 받는다. 틱 장애가 있는 아이는 방패 등과 같이 자신을 보호해줄 수 있는 것들을 만든다. 놀이적 요소는 안정감과 스트레스 완화를 위한 프로그램에 도움이 된다.

졸라맨과 공룡의 공격

9세 남자아이

그림을 가득 채우고 있는 것은 졸라맨과 공룡, 로봇들이다. 아이는 공룡과 로봇들이 인간들을 공격하여 전쟁이 일어난 상황을 묘사하였다. 이 아이는 운동 틱과 음성 틱을 동반한 뚜렛장애 진단을 받았다. 아이의 증상은 부모의 이혼 직후부터 나타나기 시작하였다. 이 아이가 그리는 그림의 대부분은 누군가를 공격하는 것이다. 가정 불화로 인한 스트레스가 틱 증상과 불안 심리로 나타나고 있다. 가장 힘이 센 존재를 빨간색으로 강조하여 공격을 진두진휘하고 있으며 인간은 밀려나고 있다. 틱 증상을 보이는 아이는 가족 내에서 안정감을 느낄 수 있게 해주어야 한다. 미술치료를 접근할 때에는 물을 섞은 점토, 물풀, 물감 등 부드러운 매개체를 이용하여 스트레스를 표출하고 자연스럽게 의식집중을 유도하여 불안감을 긍정적인 에너지로 전환시켜 준다.

다문화 가정
다른 피부색의 친구를 싫어한다면?

우리나라에서도 이주노동자, 결혼이민자 등 다양한 문화적 배경과 국적을 가진 사람들을 쉽게 만날 수 있다. 그들의 자녀 또한 증가하고 있다. 행정자치부에 따르면 다문화 가정의 자녀는 외국인 주민의 11.9퍼센트를 차지하고 있다. 이 중에서 미취학 영유아는 전체 다문화 아동의 62퍼센트다.

다문화 가정이 늘어났음에도 불구하고 다문화 가정에 대한 사회적 관심은 부족한 실정이다. 다문화 가정의 아이들은 한국어가 미숙한 외국인 어머니와 함께 생활하다 보니 언어 발달과 인지 발달수준이 낮아 학업 수행에 어려움을 겪는 경우가 많다. 아이에게는 주양육자인 어머니와의 정서적 교감과 안정된 애착 형성이 중요한데 국제결혼으로 새로운 환경에 적응하지 못하고 언어 습득이 미흡해 자녀와 정서적 유대를 이루기 어려운 것이다.

　사회 정서적 발달 연구에 의하면 우리나라 다문화 가정 아이들이 일반 아이들에 비해 분노와 공격적 성향, 불안, 위축 행동이 높게 나타난다. 의사소통 제한으로 인해 문화적 부적응이 나타나고 사회 정서적으로 어려움을 보이기 때문이다. 특히 언어적 의사소통이 어려운 유아동 시기에는 또래와의 상호작용이 떨어지고 사회적 기술과 유능감을 발달시키기 어렵다. 언어 발달의 지연은 학습 부진, 우울, 공격성 등으로 나타난다. 이러한 문제 행동들은 사회 정서 발달에 지속적으로 영향을 미칠 수 있다. 결국 사회적 부적응을 낳는다. 다문화 가정의 아이들에게는 발달 시기를 고려하여 언어, 인지, 사회 정서 발달을 위한 총체적 지원이 필요하다. 미술을 통한 접근은 정서적 갈등과 심리적 어려움을 승화시키고 또래와의 상호작용과 자아 성장을 도울 수 있다.

　다문화 교육은 일반 가정에서도 요구된다. 부모는 다문화 이해 교육을 통해 아이가 다문화 가정 자녀들과 함께 어울리는 것을 자연스럽게 받아들일 수 있도록 도와야 한다.

　다문화 교육의 궁극적인 목표는 서로 교감을 형성하고 타문화에 대한 존중을 배우는 것이다. 반편견, 반차별 교육의 내용과 더불어 단순한 국가별 지식 전달 수준이 아닌 다문화 사회에서의 바람직한 구체적인 행동 방식을 일러주는 것이 좋다.

날지 못하는 고래

9세 남자아이

평소 소극적이며 사회성이 떨어지는 아이의 습식화 작업이다. 아이는 습식화 작업 후 자신이 원하는 모양으로 오린 후 연상되는 모습을 그림으로 그렸다. 처음에 아이는 새 같다고 생각했으나 다른 친구가 고래 같다고 하자 고래로 바꿔 그렸다. 그리고 그림의 배경을 하늘에서 바다로 변경했다. 작품을 끝낸 후에는 이 고래는 원래 새였으나 고래이기 때문에 날지 못해서 자신을 싫어 하게 되었다고 이야기하였다. 아이는 그림 속 고래를 통해 무의식적으로 자신 의 모습을 투영시키고 있었다. 바다에는 한 마리의 물고기밖에 없지만 그림에 만 없을 뿐 많은 물고기가 살고 있다고 언급했다. 작업을 하는 동안 아이는 의 견을 자신 있게 이야기하지 못했고 완성한 후에도 배경을 사인펜 선으로 헝 클어지게 그렸다. 불만족하고 불안정한 심리 상태를 드러냈다.

인터넷 중독
게임에 빠진 아이, 어떻게 끊게 할까

요즘 아이들은 유모차에서도 스마트폰을 사용할 만큼 전자기기에 노출되어 있다.

2011~2014년 유아동(5~9세) 인터넷 중독 위험군 추이를 살펴보면, 계속 감소하고는 있지만 성인에 비해서는 많은 사용량을 보인다. 유아동 인터넷 이용자 중 중독 위험군 비율은 한 부모 가정과 맞벌이 가정, 다문화 가정에서 높게 나타났다. 유아동의 인터넷 이용 목적은 온라인 게임이 48.2퍼센트로 가장 높았는데 인터넷 중독이 게임 중독으로 이어진다는 점을 시사한다.

인터넷이 연령을 불문하고 사람에게 영향력 있는 매체가 되면서 게임 중독, 사이버 성 중독, 음란물 중독, 넷 강박증, 사이버 범죄, 도박 중독,

쇼핑 중독 등과 같은 다양한 영역에서 역기능이 발생하고 있다.

특히 초등학생부터 고등학생까지의 인터넷 사용자 중 약 95퍼센트 이상, 유아의 경우 약 85퍼센트 이상이 게임이나 오락을 하기 위해 인터넷을 이용하면서 중독 문제가 심각하게 나타난다. 만 5세가 안 된 40개월의 아이가 하루 평균 8시간, 심하면 24시간 동안 성인용 온라인 게임과 휴대용 게임을 해 시력 저하, 산만함, 대인기피 등의 문제를 보인 사례가 공중파 방송에서 한 달간 집중적으로 방영되기도 했다. 초등학생이 인터넷 게임의 가상세계와 현실을 혼동해서 게임을 하듯이 훔친 차를 몰고 질주하는 사고가 발생하기도 했다. 이처럼 유아동과 청소년의 인터넷 게임 중독은 매우 심각한 상황에 도달했다.

인터넷 게임 중독은 몰입과 집중이라는 성격이 강하기 때문에 인터넷 게임을 강압적으로 못하게 하기보다 인터넷 게임에 쏟고 있는 관심을 다른 곳으로 자연스럽게 유도하는 것이 효과적이다. 미술치료는 아동과 청소년들에게 친숙하면서도 흥미로운 활동이기 때문에 인터넷 게임 중독의 치료를 위해 임상미술치료가 대안이 되고 있다. 미술활동은 정서적·심리적으로 접근이 용이하고, 작품을 만드는 과정에서 스스로가 주체가 되어 주도적인 활동을 하고 통제력과 조절력을 기를 수 있다. 창작활동을 통해 억제된 공격성, 분노, 적대감 등을 표출하고 발산하여, 미술작품을 만드는 생산적인 활동으로 에너지를 전환할 수 있다. 카타르시스를 느끼고 정서적 안정을 찾을 수 있다. 뿐만 아니라 미술활동은 완성된 작품이라는 적절한 보상과 함께 성취감도 높아 인터넷 게임을 대체하는 활동으로 적절하다.

인터넷 게임 중독 관련 임상미술치료 프로그램 중에서 대표적인 것으로 인지행동 미술치료를 들 수 있다. 임상미술치료에 있어 인지적 접근이란 미술의 요소들로 인지 능력을 발달시키는 역할을 말한다. 인지가 언어와 미술의 상징성과 관련이 있음을 바탕으로 한다. 인지는 정서와도 상호작용의 관계를 갖기 때문에 언어로 표현이 어려운 아동들에게 특히 유용하다.

게임 속의 내 모습

9세 남자아이

인터넷 게임 중독인 초등학교 고학년 아동의 작품이다. 자신을 소개하거나 대표하는 이미지에 대해서는 인터넷 게임 속 캐릭터를 표현하였다. 게임 속 이미지 외에는 자신을 표현할 수 있는 이미지를 찾아내지 못하고 소극적 태도를 보였다. 실제의 자신의 모습과는 다른 과장된 형태를 취하고 자신의 능력에 대해 설명할 때에도 게임 속 레벨이나 단위를 사용하는 등 분리되지 못하는 모습을 보였다. 인터넷 중독의 특징인 가상세계를 지향하는 것이 단편적으로 나타난 그림이라 할 수 있다. 이때에는 자신이 즐겨하는 게임이 자신에게 어떤 영향력을 미치고 있는지에 대해 객관적으로 분별할 수 있도록 접근하는 것도 좋은 방법이다. 게임을 통한 부정적 모델링 학습의 피해를 감소시키고 컴퓨터 사용 시간을 조절할 수 있는 통제력을 향상시킬 수 있다.

인터넷 중독의 반응

인터넷 게임에 과도하게 몰입하다 보면 의존증, 내성, 금단 현상, 신체적 정신적인 문제와 학업, 직업, 금전적인 문제, 대인관계의 문제, 부적응 행동 등 전반적으로 여러 가지 문제가 나타난다. 유 · 아동은 내성과 가상세계 지향의 장애를 가장 많이 경험하고 있으며 뇌가 발달해야 하는 시기에 잘 발달하지 못하는 모습을 보인다.

① 내성
인터넷을 지속적으로 사용하여 만족감을 얻기 위해 점차 사용시간이 증가되고 사용시간을 줄이거나 못하게 되면 심리적인 초조감을 경험하게 된다.

② 가상세계 지향
가상의 공간과 현실 간의 구분이 모호하여 현실적인 판단 및 대처능력에 어려움을 나타낸다. 가상공간에 몰입하게 되어 현실의 내가 아닌 가상공간의 새로운 자아, 자신을 나타내는 또 다른 나에 집중하여 현실의 내가 느끼는 불만이나 부족감을 가상 공간의 나로 대치하는 상황이 된다.

③ 팝콘 브레인
팝콘이 터지듯 크고 강렬한 자극에만 우리의 뇌가 반응하는 현상을 의미한다. 팝콘브레인 증상은 컴퓨터와 스마트폰과 같은 전자기기를 지나치게 사용하거나 여러 기기로 멀티 태스킹을 반복할 때 심해지는 경향이 있다.

- 팝콘 브레인의 특징
- 강렬하고 자극적인 것에만 반응한다.
- 한 가지 자극이 반복되면 지루함을 느껴서 그보다 더 강한 자극을 원하게 된다.
- 뇌의 특정 부위만 지나치게 사용될 수 있다.
- 인터넷 중독 장애가 뇌의 구조까지 바꾼다.
- 정신질환을 유발할 수 있다.

④ 뇌파로 보는 뇌 활동

• 세로줄무늬 환경에서 자란 고양이

고양이의 신경세포는 세로 방향에는 반응하지만, 가로 방향에는 반응하지 않는다.

• 갓 태어난 새끼 고양이를 세로줄무늬 환경에서 세 달간 기른 후에 1차 시각령의 뉴런 활동을 살펴 보는 실험.

• 대부분의 뉴런이 세로줄무늬 방향에는 잘 반응했으나 가로줄무늬 방향에는 반응하지 않았다.

사람 뇌의 뉴런은 환경이나 교육에 좌우된다. 갓난아기 때는 뇌신경회로가 충

198

분히 형성되지 않은 상태다. 하지만 태어난 지 얼마 안 되는 아기에게 어떤 말을 반복해서 들려주면, 다른 말에는 반응하지 않지만 그 말에는 반응을 보인다. 아이들은 어떤 정보는 가리지 않고 수집한다. 따라서 아기를 텔레비전이나 라디오 앞에 무신경하게 방치하는 것은 정보 범

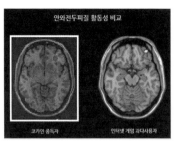

안와전두피질 활동성 비교

코카인 중독자 　　인터넷 게임 과다사용자

출처 : 《게임뇌의 공포》(모리 아키오 사람과 책, 2002)

람을 초래할 수 있어서 바람직하지 않다.

시각 지각 인지 능력을 습득하는 데는 생후 1~4개월의 시각 체험이 중요하다.

⑤ 뇌의 변화

인터넷 중독자들의 뇌 변화에서 감정 처리, 의사결정 신경이 손상되었다.

인터넷 중독자들의 이러한 뇌 구조 변화는 알코올이나 코카인 등의 약물에 중독된 이들의 뇌 구조 변화와도 유사하다.

자신의 길을 찾도록 도와주기

아이들이 아직 가스레인지를 사용하지 못하는 시기에 직장에서 갑자기 일이 생겨 늦게 퇴근한 적이 있다. 집에 들어가니 아이들이 컵라면을 먹었다기에 어떻게 물을 끓였는지 물었다. 세면대에서 나오는 뜨거운 물을 받아 라면을 먹었다고 했다. 나는 놀란 기색 없이 아이들에게 잘했다고 칭찬해주었다. 마음은 아팠지만 아이가 둘이라 서로 의지하니 참 다행이라고 생각했다.

방학은 일하는 엄마에게 더 문제다. 남편은 아이들이 아침에 일어나면 곧장 도서관에 가게 했다. 아이들은 책을 읽고 독후감을 써서 아빠에게 검사를 받았다. 남편은 빨간 펜으로 의견도 적어주고, 질문도 적어놓고, 맞춤법도 수정해주었다. 아이들은 많은 양은 못했지만 나름 몸을 비틀면서 숙제를 했다. 엄마가 부족한 것은 아빠가 채워준 덕에 아이들은 지금 상당히 논리적으로 글을 쓴다.

부모는 아이들이 자신의 길을 찾도록 도와주는 역할을 하는 사람이다. 결국 아이들도 자라서 자신의 길을 가게 될 것이다.

이 책에 우리 아이들을 키우면서 겪었던 에피소드를 몇 가지 사례로 넣었다. 유아동기관이나 부모들을 만나서 강의를 하면 많은 분들이 내 육아 경험담에 공감을 한다. 똑같이 아이를 키우는 엄마다 보니 이론보다 양육하면서 느낀 실질적인 어려움에 더 관심을 가지는 듯하다.

남의 자식 비난은 누구도 할 수 없다고 하는 옛말이 있다. 그만큼 자신할 수 없는 존재라는 것이리라. 그런데 인생을 뒤돌아보니 아이 때문에 참으로 행복했다. 아이들은 나를 열심히 일하게 하는 원동력이었고, 지금도 자식을 위해 열심히 일해야겠다는 생각이 든다.

성경에 자식은 장수의 화살과 같다는 말이 나온다. 그만큼 힘을 갖게 한다는 뜻이리라. 그리고 자녀는 자기 소유물이 아니라 하늘로부터 위탁받은 존재이므로 잘 키워야 한다는 말도 나온다. 부모는 자녀가 길을 잘 찾도록 도와주는 역할을 해야 한다. 억지로 끌고 가지도 말고, 모른 채 내버려두지도 않는 지혜를 터득하길 바란다.

PART
05

두 아들을 키우며
깨달은 것들

놀이를 통한
스킨십 정서

아기에게 피부는 '제2의 뇌'라고 할 수 있다. 뇌와 피부는 풍부한 신경 회로로 연결되어 있기 때문에 피부에 아무리 약한 자극이 가해지더라도 뇌에 전달된다. 따라서 피부를 통한 촉각 자극은 뇌 발달에 영향을 미친다. 인간의 뇌는 생후 1년 동안 50퍼센트 가까이 발달하는데 이때 아기와 엄마가 서로 많은 스킨십을 할수록 아이의 두뇌 발달에 도움이 된다. 미국 베일러 의대의 연구에 따르면 부모의 스킨십이 부족한 아기는 정상아보다 20~30퍼센트 뇌 발달이 늦어진다고 한다.

　신생아 때 아빠가 자주 목욕을 시킨 아이는 그렇지 않은 아이에 비해 대인관계 등 사회 적응력이 뛰어나다는 재미있는 연구 결과가 있다. 영국의 심리학자 하워드 스틸Howard Steele은 100쌍의 부모를 대상으로 아이들의 성장 과정을 연구했는데 열네 살이 되는 해에 설문조사를 실시했다. 그 결과 유아기 때 아빠와 규칙적으로 목욕을 하지 않은 아이들 중 30퍼센트가 나중에 또래친구와 심각한 문제를 겪은 반면, 아빠와 일주일에 3~4회 목욕을 한 아이들 중에는 3퍼센트만이 이런 문제를 겪었다는 사실을 밝혀냈다. 특히 남자아이의 사회성 발달에 아빠가 큰 영향을 미치므로 목욕을 통해 아기와 아빠가 교감하는 시간을 갖는 것이 좋다.

부모와 아이의 자연스러운 스킨십은 아이 스스로 부모와 친밀감을 느끼게 하고 애착을 쌓는 데 도움을 주어 자신을 사랑스럽고 가치 있는 존재라고 생각하게 해준다.

어린아이의 경우 시간과 장소에 상관없이 몸을 만져주는 것이 좋다. 기저귀를 갈아줄 때나 목욕을 시킬 때, 수유할 때, 옷을 갈아입힐 때, 잠을 재울 때 등 생후 24개월까지는 스킨십을 많이 할수록 두뇌 발달은 물론 정서 발달에도 도움이 된다.

생후 6개월까지는 안아주거나 뽀뽀해주고, 말을 걸어주거나 만져주는 것이 좋다. 7~12개월에는 아기와 간지럼 놀이를 하면서 정서적 안정감과 기쁨을 주는 것이 좋다. 이때 아이는 신체적·심리적 영역 모두에 자극을 받는다. 12~24개월에는 아이들이 가장 좋아하는 몸으로 하는 놀이를 함께해주는 것이 좋다. 아기를 끌어안고 침대 위를 구르면 이러한 활동을 통해 아기는 숙면하기 좋은 상태가 된다. 24개월 이후에는 아기가 나름대로의 사회생활을 시작하는 시기이므로 그냥 안아주거나 쓰다듬는 것이 아니라 놀이를 통해 스킨십을 해주면 정서가 풍부해진다. 아이가 좋아하는 행동이 무엇인지 파악하고 어떤 스킨십을 좋아하는지 관찰하여 놀이와 병행하면 더 큰 효과를 얻을 수 있다.

　아이가 성장하면 대개 스킨십이 줄어드는데 성장한 자녀와도 변함없이 스킨십을 하는 게 좋다. 스킨십은 비언어적 커뮤니케이션으로 정서적 안정감을 주는 효과가 있다.

돈을 아낄 때와
써야 할 때

요즘 젊은 엄마들은 아이가 어릴 때 많은 투자를 한다. 유아기부터 고가의 옷을 입히고 유기농 음식과 간식을 먹인다. 사랑의 표현으로 아낌없이 투자한다. 조기 교육 학원비부터 시작해서 교육비 지출도 세계 최고다. 그러다 보니 가정 형편상 이렇게 해주지 못하는 엄마는 마음이 아프고, 또래 아이들은 상대적으로 비교당하거나 위축될 수밖에 없다.

대학에서 가르치다 보면 성적과 주변의 권유로 학교와 학과를 선택하는 학부생들이 많다. 하지만 정말 하고 싶은 공부와 일을 찾게 되면 정작 이때는 부모에게 경제적인 문제가 생겨 포기하는 경우가 생긴다. 재정적인 어려움 때문에 공부에 집중하지 못하고 계속 돈을 벌어야만 하는 주객이 전도된 상황을 보면 안타까울 뿐이다.

나는 아이들이 어렸을 때는 아끼고 저축하는 게 낫다고 생각한다. 어릴 때 옷도 서로 물려주고 책도 나눠보고 학원도 꼭 보내야 할 곳만 잘 골라서 보냈으면 좋겠다. 그렇게 한 후 저축한 돈은 아이가 정말 하고 싶은 공부나 일에 도전하려고 할 때 밀어주는 데 쓰면 어떨까. 가정뿐만 아니라 나라 전체를 보더라도 이 편이 이득이다.

부모의 이런 결정은 자녀의 소비습관에도 긍정적인 영향을 미칠 수 있다. 한정된 자원을 써야 할 곳에 쓰는 부모의 모습을 보여주는 것이야말로 산 교육이 아닐까.

"엄마, 미국에 가서 공부하고 싶은데 돈이 많이 들겠죠?"

"그래? 괜찮아. 넌 어릴 때 학원을 안 다녀서 너한테 돈 들어간 것도 없는 걸. 보내줄 수 있으니 걱정 마."

큰아이와 다르게 둘째는 호기심도 많고 활동적이고 친구가 많았다. 고등학교 2학년이 된 어느 날 나에게 조심스럽게 물어왔다. 주변의 친한 친구들이 외국으로 유학을 가니 자신도 가고는 싶은데 학비와 생활비가 만만치 않게 든다는 것이 마음에 걸린 모양이다. 나는 아이의 용기에 감탄했다. 부모의 교육열에 떠밀려 가는 것이 아니라 아이 스스로 가고 싶다는데 능력이 된다면 부모로서 보내주는 게 당연하다고 생각했다. 교회 지인으로부터 추천받은 학교에 원서를 직접 작성해서 보냈다.

비자 인터뷰 때 면접관이 미국에 가족이 없는데 괜찮겠느냐고 물었는데 아이는 "괜찮아요. 기숙사에 있을 거예요"라고 대답했다고 한다. 아이는 현재 미국 고등학교에서 학년 부회장이 되었다. 영어 학원 한 번 보내지 않았지만 열심히 적응하며 생활하고 있다. 방학 때는 갈 만한 친척 집이 없어서 친구들 집을 이리저리 옮겨 다니는 신세지만 그것도 좋은 추억으로 남으리라.

미국으로 유학을 보내기 전에 나는 운동과 악기 배우는 데만 약간의 과외비를 지불했다. 남들처럼 고액의 사교육비를 지출하는 대신 부모의 지원이 꼭 필요한 시기에 아이가 집중해서 그 일을 할 수 있도록 지원하고 싶었기 때문이다. 나는 부모들이 아이들에게 가정의 경제적인 상황과 네게 꼭 필요한 부분을 위해서 현재 불필요한 지출은 줄이면 좋겠다고 말하는 게 바람직하다고 생각한다.

어릴 때 우리 아이들이 웃으면서 했던 말이 생각난다.

"우리 나중에 크면 엄마한테 구두 사주자! 구두쇠니까."

내 생일날 큰아이가 초등학교 1학년 때 작은 향수를 선물했는데, 영수증이 함께 들어있었다. 나중에 가게 주인에게 물어보니까 엄마가 물건을 살 때는 영수증을 꼭 챙기라고 했다고 해서 넣어주었다고 한다. 생일 선물인지는 몰랐다면서.

자식 농사는
방목이다?

옛 어른들은 자식 농사를 잘 지어야 한다고 이야기하셨다. 틀린 말은 아니다. 자식은 평생 부모와 함께 가는 대상이기 때문이다.

　현대사회에서는 자녀의 사회적인 성공과 실패를 부모의 인생 성적표로 몰아가는 경향이 있다. 하지만 어느 부모가 자녀를 잘 키우고 싶지 않으며, 최고의 것을 해주고 싶지 않겠는가. 남들이 모두 부러워할 만한 사람으로 커주면 고마운 일이지만 그렇지 않더라도 인생의 낙오자처럼 살 필요는 없다. 가정에서 정서적인 여유와 행복이 없다면 아이들에게도 좋은 영향을 미칠 수 없다고 본다.

　최근 진행된 한 여론조사에서 요즘 부모들은 자녀에게 예전처럼 큰 성공을 기대하지 않는다는 의견이 많이 나왔다. 가족 전체의 행복과 부모의 역할을 충실히 한다는 생각을 먼저 해보면 조금은 죄책감이 줄어들고 심리적으로 홀가분해질 것이다.

주변에서 자녀교육을 어떻게 했냐고 물어오면 나는 "방목했다"고 말한다. 내가 직장생활을 하지 않는 엄마였더라도 대답은 같을 것이다. 한창 바쁜 시기에는 새벽 5시에 일어나 아이들이 먹을 아침을 차려놓았다. 학교 보낼 준비를 시키고 7시 30분까지 직장으로 향하면서 아이들이 다시 잠들까봐 전화로 확인했다. 그러나 아이들은 형제가 뭉쳐서 잘 지냈다. 엄마, 아빠는 바쁘다 보니 둘의 사이가 더 좋아졌다. 서로 요리를 해 먹느라고 당시 초등학생인 아이들이 물냉면과 비빔냉면도 만들고 심지어는 연포탕도 요리할 줄 알았으니 말이다.

집에 늦게 들어오는 날이 많았지만 아이들 이야기에 귀 기울였고 재미있는 일에는 소리 내서 깔깔 웃어주었다. 힘들기도 했지만 아이들과 함께 있는 시간을 참 귀하게 여겼다. 아이들과 공감대를 형성하려고 노력해서인지 사춘기도 별 탈 없이 넘길 수 있었다.

방목은 방임과 다르다. 방임은 그냥 풀어 놓고 무관심한 것이지만 나는 항상 아이들을 주시했다. 내 손이 미치지 못할지라도 아이들의 발달 단계와 고민 등을 한 걸음 뒤로 물러서서 바라보았고, 안달하지 않았다. 오히려 여러 가지 문제로 병원에 상담을 받으러 오는 아이들을 생각하면 감사하기까지 했다.

아이 때문에 너무 아파하지 말자. 아이들이 그 나이에 거치는 하나의 발달 과정이라고 볼 수 있다. 그러나 아프다고 힘들다고, 해보고 싶다고 하는 아이들의 목소리는 들을 줄 알아야 한다. 이런 소리와 몸짓을 놓친

다면 아이의 한 시기를 놓치는 일이라 부모의 책임으로 다가올 수 있기
때문이다.

아이에게 관심을 갖는다는 건 아이들의 내면의 소리를 듣는 일에서
시작한다. 아이가 자신의 마음을 온전히 표현하고 환경에 잘 적응하는
회복탄력성이 강한 아이로 성장시키는 것이다.

성공의 기준은
부모가 세워줘라

일하는 엄마는 아이의 양육이 늘 고민이다. 아이와 긴 시간을 보내지 못하는 상황이 못내 마음에 걸리고 죄책감마저 든다.

　어느 해 봄에 큰아이 학교 운동회에 참석한 적이 있다. 달리기를 할 때 다른 아이들은 흰 체육복에 흰 운동화를 신었는데 우리 아이만 까만 겨울 운동화를 신고 달렸다. 아이들의 발은 금방금방 자라는데 엄마가 봄 운동화를 미처 사주지 못한 것이다. 우리 아이만 검정 신발이어서 까마귀발 같았다. 참 미안하고 한편으로는 저 아이 엄마는 뭐하는 사람인가 하는 엄마들의 비난이 들리는 듯했다. 그런데 아이는 1등을 했다. 그 다음 해 운동회에는 혼자 캐주얼화를 신고 가 신발을 벗고 맨발로 달렸다. 역시 1등을 했다. 나는 아이가 자랑스러웠다.

엄마가 챙겨주지 못한 것을 불평하지 않고 상황에 맞춰서 대처하는 모습이 대견했기 때문이다. 이런 일로 위축감을 느끼지 않는 아이에게 고마웠다.

이렇게 아이와 엄마가 함께 호흡을 맞춰줄 때 서로 힘이 난다. 그런데 무엇이든 하루아침에 이루어지지 않는다. 서로 신뢰가 형성되어 있어야 한다.

일하는 엄마들이 호소한다.

"내가 이렇게 힘들게 일하는 걸 아이들이 알까요?"

나는 같은 대답을 한다.

"그럼요, 다 알아요. 우리 엄마가 뭐하느라 바쁜지 다 느끼고 있어요."

아이들이 문제가 있어서 자꾸 아프다고 말하면 엄마들도 귀 기울이고 들어야 한다. 그렇지 않으면 작은 문제가 나중에는 눈덩이처럼 커지기 때문이다.

성공의 기준은 부모가 세워줘야 한다. 어떤 인물이 되고 어떤 가치관을 가지고 어떻게 살아야 하는지를 말이다. 무엇보다 바른 가치관을 심어줄 필요가 있다.

아이들은 어릴 때 부모의 표정을 보면서 확인받고 싶어 한다. 부모의 격려와 칭찬이 있는 일은 더욱 열심히 해보려고 한다. 그렇기 때문에 부모의 소신과 바른 가치관은 아이의 성공 기준으로 각인될 것이다.

20년 후
세상을 내다보는 안목

큰아들이 올해 스물두 살, 둘째가 열아홉 살이다. 언제 이렇게 훌쩍 커버렸는지 모르겠다. 그러나 키우는 동안 한마디로 정말 힘들었다. 일하는 엄마이자 일하는 여성은 항상 여유 없이 급했던 것 같다. 한국 사람들이 가장 많이 쓴다는 '빨리빨리'를 내 입에 달고 살았다. 빨리 일어나라. 빨리 먹어라. 빨리 자라. 빨리 커라.

　빨리빨리를 외치는 엄마 밑에서 우리 아이들은 여유 있게 컸다. 아이들은 편안하게 시간을 즐기는 것 같다. 하고 싶은 일을 선뜻 두려워하지 않고 시도하려고 한다. 나는 이런 점을 감사하게 생각한다. 안달하지 않고 자기의 삶을 조절할 줄 하고 스스로 계획하는 모습이 감사하다. 가족이란 각자의 성장을 돕는 것이지 한 사람에게 성장을 몰아주고 부담을 주는 존재가 아니다.

　나는 가능하면 아이에게 부담을 주지 않으려고 했다. 학습도 그렇고 장래 어떤 일을 하든 든든하게 버팀목이 되어 주기로 마음먹었다. 옳은 일을 한다면 항상 지지해주겠다고 마음먹었다. 아이들도 과도한 기대에 대한 부담을 가지고 있지 않다.

　아이가 어릴 때는 새 옷을 사지 않고 헌 옷을 많이 물려받아 입혔다. 이제는 좋은 브랜드 옷 한두 벌은 사준다. 내가 잘 키웠다고 자랑하는 것이 아니다.

　병원에서 많은 환자들과 힘들어하는 부모들을 보면서 나는 아이들에 대한 기대치를 낮추게 되었다. 어린 시절 부모님의 기대감이 나에게 큰 짐으로 다가온 적이 있었기 때문에 우리 아이들은 방목하며 지켜보았다는 말이다.

　갑자기 비가 오면 엄마들은 우산을 가지고 학교로 간다. 엄마가 학교에 우산을 가져다주지 못하는 우리 아이들은 비를 맞기도 하고 친구 우산을 같이 쓰기도 했다. 너무 더운 날은 걷다가 주유소에 들려서 물 한 잔 얻어 마시고 집에 오기도 했다.

　"어머님, 기준이는 비 오는 날 우산이 없어도 제일 씩씩하게 비 맞고 집에 가요."

　담임선생님은 칭찬으로 한 말이지만 나는 그날 집에 와서 많이 울었다.

　지금 이 책을 읽고 있는 여러분 자녀는 20년 뒤에 어떤 모습일까. 마음껏 기대를 하면서 상상의 나래를 펴보자. 어떤 아이가 되어 있으면 좋겠는가. 부모가 수강 신청을 해주고 입사시험에 함께 가주는 등 부모에게서 정서적으로 독립하지 못한 채 살 수도 있다. 세상 어떤 부모가 다 큰 자식들 어린아이 대하듯 계속 신경 쓰면서 키우고 싶겠는가.

부모의 역할은 명쾌하다. 아이를 환경의 지배를 받는 수동적인 사람으로 키우지 않고 환경에 잘 적응하는 능동적인 사람으로 키우는 것이다. 언제 어디서든 건강한 몸과 마음가짐으로 유연하게 상황에 대처하는 아이로 성장할 수 있게 돕는 일이 부모의 역할이다.

참고문헌

강문희(2011) 아동발달론. 공동체

강미량(2009) 분노조절을 위한 미술치료와 인지정서행동치료가 비행청소년의 공격성과 충동성에 미치는 효과. 전남대 대학원 석사학위논문

강신덕(1997) 비행청소년 분노조절 교육 프로그램 개발 및 효과 연구. 서울대학교 대학원 박사학위논문

건강보험심사평가원(2014) 소아·청소년에서 주로 발생하는 '틱장애'. 건상보험심사평가원

고유진(2001) 인터넷 중독집단의 성격 특성 및 자기 개념 연구, 성신여자대학교 석사학위논문

국가법령정보센터(2013) 장애인 등에 대한 특수교육법

국립특수교육원(2009) 특수교육학 용어사전

권석만(2000) 우울증. 학지사

      (2013) 현대 이상심리학. 학지사

권순미(1984) 현대사회의 가족구조 변화에 따른 아동 양육방법의 문제 접근. 사회사업논집

김 옥(2011) 독서치료자원으로서 그림책을 활용한 독서활동프로그램이 유아의 자존감에 미치는 영향. 총신대학교 교육대학원 석사학위논문

김경화, 이주연(2013) 유아발달론. 공동체

김교헌, 전겸구(1997) 분노, 적대감 및 스트레스가 신체 건강에 미치는 영향. 한국심리학회지: 건강. 2(1), 79-95.

김나리(2011) 틱 장애 아동의 틱 증상 감소를 위한 아동 미술치료 프로그램 개발. 한남대학교 석사학위논문

김동연(2000) 미술치료에서의 미술. 임상미술연구, 34(2)

김명식(1988) 유아의 기질과 어머니 기질 및 만족도에 따른 문제행동. 이화여자대학교 석사학위 논문

김미라(2008) 이영만 인지행동적 분노조절훈련이 아동의 분노조절능력과 교우관계에 미치는 효과. 초등상담연구. 7(2), 101-115

김미라, 정재은, 최정금(2013) EBS 60분 부모. 경향미디어

김민선(2007) 아동의 부모와의 애착 수준과 성정체성 및 또래인정욕구와의 관계. 서울여자대학교 석사학위논문

김삼순(2004) 집단놀이를 통한 초등학교 틱장애 아동의 상담 효과. 광주교육대학교 석사학위논문

김선미(2013) 인터넷 게임중독 초등학생의 미술치료 단일사례연구. 동국대학교 석사학위논문

김선현(2006) 임상미술치료의 이해. 학지사

　　　　(2007) 마음을 읽는 미술치료. 넥서스

　　　　(2009) 임상미술치료학. 계축문화사

　　　　(2012) 임상미술치료 길라잡이. 이담BOOKS

　　　　(2013) 유아 인지 정서 미술치료 프로그램. AINA

김선현, 신지원(2012), 단기 미술치료가 인터넷/게임중독 아동들에게 미치는 영향. 임상미술치료학연구, 7(1)

김선현, 이규범(2013) 뇌와 임상미술치료. 이담BOOKS

김선현, 장혜순 (2008) 유아동 미술치료의 이론과 실제. 예경

김영숙(1998) 幼兒의 自我尊重感에 影響 주는 '家庭環境의 諸變因. 동국대학교 박사학위논문

김영채(1982) 인간학습 및 기억. 중앙적성연구소

김윤숙(2004) 자기통제 훈련이 초등학생의 인터넷 게임 중독에 미치는 효과. 대구교육대학교 석사학위논문

김은하(2006) 아동의 건전한 자아상 확립을 돕기 위한 기독교상담-게임놀이의 활용을 중심으로- 아세아연합신학대학교대학원 석사학위논문

김정아(2008) 인지·행동·정서 분노조절훈련 프로그램이 초등학생의 분노조절 및 역기능적 태도에 미치는 효과. 서울교육대학교 교육대학원. 석사학위논문

김정효, 박성혜(2001) 컴퓨터게임 몰입과 정서적 특성의 관계, 교육과학연구, 32(2), 119-139

김지아(2002) 자기조절향상 프로그램이 유아의 자기조절력에 미치는 영향, 중앙대학교 석사학위 청구논문

김지현(2003) 인지행동치료프로그램이 초등학생의 인터넷 중독 감소에 미치는 효과, 한국교원대학교 석사학위논문

김춘경(1992) 비디오게임과 아종의 인간특성간의 관계 연구, 서울여자대학교 석사학위논문

김태련 외(2006) 발달심리학, 학지사

김혜지, 성영혜(2006) 아동이 지각한 가족기능과 소외감의 관계. 아동연구, Vol. 19 No.1

남궁희승, 오경자(1997) 분노조절 프로그램의 효과 : 초등학교 아동을 대상으로, 한국임상심리학회 포스터 발표

남명자(2004) 부모의 양육태도와 아동의 성격장애 학지사

노영희(2008) 게임중독 아동의 자기통제력 향상을 위한 인지행동 집단 미술치료 연구, 서울교육대학교 석사학위논문

마이클 톰슨 외(2003) 아이들의 숨겨진 삶 김경숙 역, 세종서적

모리 아키오(2003) 게임 뇌의 공포, 사람과 책

민하영(1991) 청소년 비행정도와 부모-자녀양육 태도의 관계. 이화여자대학교 석사학위논문

박랑규(1998) 자폐영,유아와 부모의 사회적 상호작용 발달을 위한 가족 훈련 치료 프로그램 개발.이화여자대학교 박사학위논문

박미정(2008) 그림책을 활용한 명상활동이 유아의 공격적 행동과 자기조절력에 미치는 효과. 울산대학교 석사학위논문. 2008

박상희, 감지영, 김리진. 전가일, 지경진. 황혜경(2014) 아동정신건강. 양서원

박선영(2012) 다도교육이 유아의 일상적 스트레스와 자기조절능력에 미치는 영향. 전남교육대학원 석사학위논문

박영호, 김미경(2003) 초등학생의 컴퓨터 게임 중독과 심리적 특성과의 관계. 교육이론과 실천, 13(1), 335-359

박지현(2010) 유아의 자기조절능력 증진 프로그램 개발 및 적용효과. 성균관대학교 석사학위논문

성영혜(1999) 영유아 발달의 이론과 실제. 동문사

송숙자, 심희옥(2003) 아동의 컴퓨터게임 몰두성향과 심리사회 및 행동적 특성에 관한 연구. 아동학회지, 24(5), 27-41

송진숙(2006) 인지행동 집단 상담이 초등학생의 인터넷 게임 중독 완화와 자존감, 대인관계에 미치는 효과, 건국대학교 석사학위논문

신성응. 임명호, 현태영, 성양숙, 조수철(2001) 만성 틱장애 뚜렛씨 장애의 임상 특성, 소아 청소년정신의학. 12(1), 103-114

신은진(2009) 분노 표출 아동의 상담 사례 : 종합적 분노조절 프로그램의 적용. 진주교육대학교 석사학위논문

심수명(2004) 기독교 상담과 인지치료의 통합에 의한 인격 치료 프로그램의 효과성 연구. 국제신학대학교대학원 박사학위논문

안귀덕(1997) 학습자의 정의적 특성에 관한 연구의 회고와 전망. 교육심리연구, 11(1), 33-48

안현옥(2008) 유아의 기질 및 자기조절력과 사회적 능력과의 관계. 아주대교육대학원 석사학위논문

안혜숙, 이종승(2002) 컴퓨터게임 몰입 아동의 특성에 관한 연구. 교육발전논총, 23(1), 57-87

옥금자(2007) 미술치료 평가방법의 이론과 실제. 하나의학사

위영만(2012) 틱(Tic)장애 아동의 변증유형과 심리평가 결과에 대한 연구. 원광대학교 박사학위논문

위종희(2012) 아동이 지각한 가족건강성, 자아탄력성, 사회적지지. 스트레스 대처행동 및 심리적 안녕감 간의 구조관계분석. 동아대학교 박사학위논문

유영주, 최희진(2004) 일반 청소년과 비행 청소년이 지각한 가족기능과 그에 따른 스트레스 대처방식. 가족과 문화. 16(1), 63-107

윤미원(2005) 자폐아동의 사례분석을 통한 치료놀이 효과 . 숙명여자대학교 박사학위논문

이경은(2012) 틱 장애 치료를 위한 미술치료프로그램 사례연구. 광주교육대학원 석사학위논문

이상훈(1997) 학습장애아동과 학습부진아동, 정상성취아동의 귀인양식과 인지적 동기특성. 대구대학교 박사학위논문

이소현(2005) 자폐범주성장애: 중재와치료. 시그마프레스

이송선(2000) 청소년의 컴퓨터 게임중독과 정서적 특성과의 관계. 서울여자대학교 석사학위논문

이숙희(2001) 가정환경과 아동의 주의집중력 발달과의 관계. 인천대학교 교육대학원 석사학위논문

이순형 외(2013) 영유아 건강교육. 학지사

이슬기(2014) 아스퍼거 장애 아동과 ADHD 아동과 틱 장애를 가진 아동의 실행기능 비교 연구. 성균관대학교 석사학위논문

이시형(2013) 아이의 자기조절력. 지식채널

이아름(2009) 미술치료가 인터넷 게임 중독 증후를 보이는 아동에게 미치는 효과 : 코헛(Kohut)의 자기심리학(selfpsychology)을 중심으로. 명지대학교 석사학위논문

이원영, 박찬옥, 노영희.(1993) 유아의 사회성 발달을 위한 프로그램 개발 연구. 한국유아교육학회 유아교육연구 13권 0호, 65-91

이은정(2011) 정서·행동 장애아동과 자폐성 장애아동의 전환 교육에 대한 학부모의 인식 분석. 대구대학교 박사학위논문

이통재, 박혜원, 곽금구, 황상민(1995) 전자게임 이용과 아동의 청소년의 심리 및 사회적 행동, 성곡논총, 26, 273-387

장익태(2012) 분노 조절에 어려움을 가진 아동의 상담사례연구. 광주교육대학원 석사학위논문

전금자(2009) 아동미술과 현대미술의 상관성에 관한 연구. 대구대학교 박사학위논문

전미향(1997) 집단미술치료가 청소년의 자기존중감과 사회적응력에 미치는 효과, 영남대학교 박사학위논문

전인경(2005) 미술표현활동이 유아의 공격성에 미치는 영향. 국민대학교 교육대학원 석사학위논문

전효정(2012) 협동미술활동이 유아의 리더쉽과 자기조절능력에 미치는 영향. 성신여대교육대학원 석사학위논문

징경연(2007) 부모 및 자녀의 자아분화수준과 아동이 지각한 세대간 가족관계가 아동의 문제행농에 미치는 영향. 부산대학교 박사학위논문

정계환(2005) 초등학교 학생들의 게임중독과 공격성 및 인성과의 관계, 경인교육대학교 석사학위 청구논문

정숙진(2012) 2012년 인터넷 중독 실태 조사, 한국정보문화진흥원

정옥분(2013) 아동발달의 이해(개정판). 학지사

정윤주(2005) 아동의 개인적 특성 및 어머니의 심리통제와 아동의 컴퓨터게임 몰입, 대한가정학회지, 43(11), 197-210

정지선(2010) 아동의 부정적 정서에 대한 양육자의 반응과 아동의 주의집중력의 관계. 단국대학교 박사학위논문

정지은(2009) 틱 장애 아동모의 접촉경계혼란 양식 및 양육태도와 틱 증상 심각도의 관계. 성신여자대학교 석사학위논문

조상윤(2013) 웃음 감각과 아동의 분노조절, 자존감 및 사회성의 관계. 서울불교대학원대학교 박사학위논문

조선일보(2001.3.5) 인터넷 중독 중3생 친동생 살해

중앙일보(2005.4.4) 초등학생이 차 훔쳐 질주하다 사고

쩌우쯔원, 왕이(2010) ADHD 이해하고 치유하기. 북피아

차경수 외(1996) 교육사회학의 이해. 양서원

채유경(2001) 청소년 분노 표현 방식의 모델 및 조절 효과 검증. 전남대학교 박사학위논문

최재영(2001) 아동 미술활동의 지도와 이해. 창지사

최혜원(2010) 소아기 우울 장애의 유병율 및 역학적 특성 연구. 단국대학교 박사학위논문

카자나와 오사무(2010) 원종익 역(2013). 우리가 알지 못했던 LD ADHD. 홍문관

쿠키뉴스(2006.3.29) 죽음으로 몰고가는 게임중독…우울증 치료 시급

현성숙(2006) 인터넷 게임 중독 아동의 디지털 이미지를 활용한 미술치료 방안 연구: 초등학교 5학년 남학생을 중심으로. 한양대학교 석사학위논문

홍강의(2005) 소아정신의학. 중앙문화사

황희숙 외(2002) 아동발달과 교육. 학지사

Ainsworth, M. D. S., Bell, S. M. & Stayton, D. J. (1974) : Infant-mother attachment and social development : Socialization as a product of reciprocal responsiveness to signal. In M. M. Richard(Ed.), *The Introduction of a child into asocial world, Cambridge* :Cambridge University Press.

Berndt, T. J.(1982). The features and effects of friendship in early adolescence. Child Development, 53, 1447-1460

Blake E. S. Taylor (2010). 이승호, 이영나 역(2010) ADHD와 나. 시그마프레스

Bowen, M.(1978) Family therapy in clinical practice. New York: Jason Aronson.

Brayn, T. H.(1986). Self-concept and attrobutions of the learning disabled*LearningDisabilites*Focus, 1(2), 82-89

Brody, V. (1997). The dialogue of touch :Developmental play therapy. Northvale, N J: Jason & Aronson, Inc.

Bukowski, W. M., & Hoza, B. (1989) Popularity and Friendship Issues in Theory, Measurement, and outcome, In T. J. Berndt & G. W. Ladd(Ed.), PeerRelationships in Child Development 15-45

Canino, F. J.(1981), Learnde helplessness theory; implications for reserch in learning disabilities. *The Journal of Special Education*,14,471-484

Cole L(1966). P*sychology of adolescence*, NewYork.:Holt, Rinehartand Wiston,Inc.

Davies. P. T., Cumming. E. M.(1994). Marital conflict and child adjustment: An emotional security hypothesis*PsychologicalBulletin*,116,387-411

Dawson, G. & Galpert, L. (1986). A developmental model for facilitating the social behavior of autistic children. In E. Schopler & G. Mesibov(Eds.), *Socialb ehavior in autism.*(pp.237-264) NewYork : PlenumPress.

Eaton, Warren O., & Von Bargen, D.(1981) Asynchronous Development of Gender Understanding in Prescholl Children. *Child Development*, 52m1020-1027.'

Feindler, E. L. (1989). Adolescent anger control: Review and critique. In Herson, Eisler, R, M., & Miller, P. M. (eds.), *Progressivebehaviormodification*.NewburyPark,CA:Sage.

Freeberg, S(1982). Anger in adolescence in children and adolescents. *American Journalof Psycho therapy*,21(3),564-574

Freeman(1992). The Addiction Process : Effective Social Work Approaches. N.Y : London.

Geller B., Lucy J.(1997). Child and adolescent bipolar disorder : A review of past 10 years. J Am Acard Child Adolesc Psychiatry. 36(9)1168-1176

Gresham, F.M. & Elliott, S. N. (1984). Assessment of children's social skills: A review of methods and issues.*Journal of Sch○○l Psychology,13*,292-301

Hewett, F. M.(1977). U.S. Public Law 94-142-*The Education for All Handiapped Children.* Actof1975.

Howlin P.(1986). An overview of social behavior in autism. In E. Schopler & G. Mesibov (Eds), *Social behavior in autism.*(pp.103-126). New York : Plenum Press.

Huesmann, L, R,. & Eron, L, D. (1984). Cognitive processes and the persistence of aggressive behavior. Aggressive Behavior, 10, 243-251

Jernberg, A. (1979). Theraplay :A new treatment using structured play for problem childrenand their families. SanFrancisco : Jossey-BassPublisher.

Kauffman, J. M.(1993) Characteristics of emotional and behavioral disorders of children and youth(5nd ed). New Jersey: Prentice Hall, Inc

Kohlberg, L.(1966). A congnitive-developmental analysis of children's sex-role concepts and attitudes. In E. E. Maccoby(Ed.), T*he development of sex differences.* standford, CA ; Standford University Press.

Rieff, M. & Booth, P. (1994).*Theraplay forc hildren with pervasive developmental disorder and autism*. The Theraplay Institute. Newsletter, spring,1-7

Roberts. R.E., Lewinsohn. P.M., Seeley J.R., Symptoms of DSM-Ⅲ-R major depressonin adolescence: ebidence from anepidmiological study. J Am Acard Child Adolesc Psychiatry. 1995; 33: 1608-1617

Ruth D. Nass, Fern Leventhal (2011) 황순영 역(2014). ADHD에 관한 100문 100답. 시그마프레스

SBS. 실제상황토요일. 우리아이가 달라졌어요. 2006년 7월15일-8월19일 방영

Skinner, B. F (1953). Science and behavior. N.Y : Macmillan.

Sroufe, L. A.(1983). Infant-caregiver arrachment and patterms of adaption in the preschool : The roots of competence and maladaptation. In M. Perlmutter(Ed.), Minnesota Symposia in child Pstchology, 16, 41-83 Hillsdale M.J: Erlbaum.

Stephen D. Eiffert. 복진선 역. (2006). 전뇌학습법. 한스컨텐츠

Volkmar, F., Cohen, D., & Paul, R. (1986). An evaluation of DSM-Ⅲcriteria for infantileautism. *Journal of the American Academy of Child Psychiatry*, 25, 190-197

Williamson, D. S., Bray, J. H.(1988) Family development and change across the generations; An intergenerationl perspectibe. In C. J. Falicov (Ed), Family transitions; comtinuity and change over the life cycle (pp. 357-384). New York; Guilford Press.

Zigler, E., & Balla, D. A. (1982). Mental retardation: *The developmental difference controversy*. Hillsdale, NewJersey : Erlbaum.

엄마와 함께하는
우리 아이 심리테스트

유아 자존감 검사
자기조절력 검사
분노조절력 검사

유아 자존감 검사
(특별부록 1쪽)

검사 목적

유아의 자존감을 탐색하여 긍정적 자존감 형성을 위한 기초자료로 활용할 수 있는 도구다.

자존감은 자기 자신에게 부여하는 가치로서, 자신의 능력이나 태도에 대해 얼마만큼 긍정적으로 자각하고 스스로를 유능하고 소중한 존재로 인식하는가에 대한 주관적인 평가다. 자존감이 높고 낮음에 따라 자아의지, 성취 동기, 목표 달성, 자아실현, 사회적 적응 행동 등이 달라지기 때문에 개인의 생활이나 사회적 적응과 성공에 많은 영향을 미친다. 비슷한 의미로는 자신감이나 자기 수용, 긍정적인 자아 평가, 유능감, 자기 존경 등이 있다.

유아는 따뜻한 사랑과 격려 속에 새로운 일에 도전하여 성공의 경험을 반복적으로 겪게 되면서 자기 자신에 대하여 긍정적인 자긍심을 갖는다. 자신에 대한 믿음이 있어야만 타인을 존중하고 자기 성장을 위해 노력하는 마음을 가지게 된다.

즉, 유아기 때 자아개념은 개인의 행동에 많은 영향을 미치고, 특히 성격과 정신 건강에 영향을 미친다고 할 수 있다. 아이가 자기 스스로에

226

대해 어떻게 지각하는지 아는 것은 아이를 제대로 이해하는 데 큰 도움이 되며, 이런 점에서 자존감은 엄마가 반드시 알아야 할 중요한 발달적 특성 중 하나다.

자존감은 점진적으로 발달하다 초등학교에 입학하는 7~8세부터는 급격히 발달한다. 7~8세가 되면 사회적 비교 능력이 커져 '누가 더 멋진가', '누가 더 능력이 있는가', '나는 몇 등인가' 등에 관심을 갖는다. 한 번 형성된 자존감은 학교생활이 계속될 때까지 거의 유지되기 때문에 중요하다. 따라서 성장기 아이에게 높은 자존감은 필수라 하겠다.

검사 방법

검사 시간은 보통 유아 1인당 10분 정도 소요된다. 유아가 자신의 생각을 자연스럽게 얘기할 수 있도록 편안한 분위기를 조성하도록 한다.

유아 자존감 검사는 특별부록 1쪽부터 시작되는데 검사를 시작하기 전에 아이에게 다음과 같이 이야기한다.

"오늘 엄마가 ○○하고 그림 찾아내기 놀이를 할 텐데 ○○와 가장 비슷한 어린이를 고르는 놀이예요. 이제부터 그림에 나온 어린이들이 각각 무엇을 하고 있는지 설명할 테니 이 중에서 ○○와 가장 비슷한 어린이를 골라보세요."

아이에게 그림을 보여주고 상황을 설명한 후, 두 그림 중 자기와 비슷한 쪽을 선택하게 한다. 검사 문항은 총 30개이며, 각 문항에 해당하는 질문 내용은 229~243쪽에 실었다. 검사를 마친 후에는 244쪽에 실린 채점 방법에 따라 유아 자존감 기록지(특별부록 32쪽)에 점수를 적는다.

"이 어린이(오른편)는 그림조각 맞추기를 잘하는데, 이 어린이(왼편)는 잘하지 못한대요. ○○와 비슷한 어린이는 이 둘 중에 누구인가요?"

왼편을 선택한 경우

"○○은 그림조각 맞추기를 전혀 못하나요? 아니면 조금은 할 수 있나요? 전혀 못하면 큰 동그라미에, 조금은 할 수 있으면 작은 동그라미에 표시하세요."

◯ 큰 동그라미 선택시   1점
◯ 작은 동그라미 선택시   2점

오른편을 선택한 경우

"○○는 그림조각 맞추기를 아주 잘하나요? 아니면 조금 잘하나요? 아주 잘하면 큰 동그라미에 표시하고, 조금 잘하면 작은 동그라미에 표시하세요."

◯ 작은 동그라미 선택시 3점
◯ 큰 동그라미 선택시   4점

이 어린이(오른편)는 함께 놀 친구가 많은데, 이 어린이(왼편)는 함께 놀 친구가 많지 않아요. ○○와 비슷한 어린이는 둘 중에 누구인가요?"

왼편을 선택한 경우

"○○는 친구가 한 명밖에 없어요? 아니면 두 명이나 세 명인가요? 한 명밖에 없으면 큰 동그라미에, 두 명이나 세 명이면 작은 동그라미에 표시하세요."

◯ 큰 동그라미 선택시   1점
◯ 작은 동그라미 선택시   2점

오른편을 선택한 경우

"○○는 친구가 아주 많아요? 조금 많아요? 아주 많으면 큰 동그라미에 표시하고, 조금 많으면 작은 동그라미에 표시하세요."

◯ 작은 동그라미 선택시 3점
◯ 큰 동그라미 선택시   4점

229

"이 어린이(왼편)는 혼자서 그네를 잘 타는데, 이 어린이(오른편)는 혼자서는 그네를 잘 못 타요. ○○와 비슷한 어린이는 둘 중에 누구인 가요?"

왼편을 선택한 경우	오른편을 선택한 경우
"○○는 그네를 아주 잘 타나요? 조금 잘 타나요? 아주 잘 타면 큰 동그라미에 표시하고, 조금 잘 타면 작은 동그라미에 표시하세요."	"○○는 그네를 잘 못 타나요? 아니면 조금은 탈 수 있나요? 잘 못 타면 큰 동그라미에, 조금은 탈 수 있으면 작은 동그라미에 표시하세요."
◯ 큰 동그라미 선택시　4점 ◯ 작은 동그라미 선택시　3점	◯ 작은 동그라미 선택시　2점 ◯ 큰 동그라미 선택시　1점

"이 어린이(오른편)는 친구를 데리고 집으로 놀러 왔는데 엄마가 반겨주지 않고, 이 어린이(왼편)는 엄마가 반겨주네요. ○○와 비슷한 어린이는 둘 중에 누구인가요?"

왼편을 선택한 경우	오른편을 선택한 경우
"○○는 집에 친구를 자주 데려가나요? 가끔 데려가나요? 자주 데려가면 큰 동그라미에 표시하고, 가끔 데려가면 작은 동그라미에 표시하세요."	"○○는 집에 친구를 한 번도 데려가지 않았나요? 한두 번은 데려갔나요? 한 번도 데려가지 않았으면 큰 동그라미에, 한두 번은 데려갔으면 작은 동그라미에 표시하세요."
◯ 큰 동그라미 선택시　4점 ◯ 작은 동그라미 선택시　3점	◯ 작은 동그라미 선택시　2점 ◯ 큰 동그라미 선택시　1점

"이 어린이(왼편)는 재미있어하고 자신감이 있는데, 이 어린이(오른편)는 재미도 없고 자신감도 없대요. ○○와 비슷한 어린이는 둘 중 누구인가요?

왼편을 선택한 경우	오른편을 선택한 경우
"○○는 항상 재미있고, 뭐든지 자신이 있나요? 조금 재미있고, 조금 자신 있나요? 항상 재미있고 자신 있으면 큰 동그라미에 표시하고, 조금 재미있고 자신 있으면 작은 동그라미에 표시하세요."	"○○는 항상 재미없고 뭐든지 자신이 없나요? 그래도 아주 조금은 재미있고, 조금 자신이 있나요? 항상 재미없고 자신 없으면 큰 동그라미에, 아주 조금은 재미있고 조금 자신 있으면 작은 동그라미에 표시하세요."
○ 큰 동그라미 선택시　4점 ○ 작은 동그라미 선택시　3점	○ 작은 동그라미 선택시　2점 ○ 큰 동그라미 선택시　1점

"이 어린이(왼편)는 숫자도 잘 모르고, 숫자놀이를 잘 못하는데, 이 어린이(오른편)는 숫자도 잘 알고, 숫자놀이를 잘한대요. ○○와 비슷한 어린이는 둘 중 누구인가요?"

왼편을 선택한 경우	오른편을 선택한 경우
"○○는 숫자놀이를 아주 못하나요? 조금은 할 수 있나요? 아주 못하면 큰 동그라미에, 조금은 할 수 있으면 작은 동그라미에 표시하세요."	"○○는 숫자놀이를 아주 잘하나요? 조금 잘하나요? 아주 잘하면 큰 동그라미에, 조금 잘하면 작은 동그라미에 표시하세요"
○ 큰 동그라미 선택시　1점 ○ 작은 동그라미 선택시　2점	○ 작은 동그라미 선택시　3점 ○ 큰 동그라미 선택시　4점

"친구들이 게임을 하고 있네요. 이 어린이(왼편)는 친구들이 게임을 같이 하자고 하는데, 이 어린이(오른편)는 친구들이 게임에 넣어주지 않네요. ○○와 비슷한 어린이는 둘 중 누구인가요?"

왼편을 선택한 경우	오른편을 선택한 경우
"○○는 친구들이 항상 놀이에 끼워주나요? 조금 놀이에 끼워주나요? 항상 끼워주면 큰 동그라미에, 조금 끼워주면 작은 동그라미에 표시하세요."	"○○는 친구들이 놀이에 안 끼워주나요? 한 번 정도는 끼워주나요? 친구들이 안 끼워주면 큰 동그라미에, 한 번 정도는 끼워주면 작은 동그라미에 표시하세요."

○ 큰 동그라미 선택시　4점
○ 작은 동그라미 선택시　3점

○ 작은 동그라미 선택시　2점
○ 큰 동그라미 선택시　1점

"이 어린이(왼편)는 한 발로 잘 뛰는데, 이 어린이(오른편)는 한 발로 잘 뛰지 못하네요. ○○와 비슷한 어린이는 둘 중 어느 누구인가요?"

왼편을 선택한 경우	오른편을 선택한 경우
"○○는 한 발로 아주 잘 뛰나요? 조금 잘 뛰나요? 한 발로 아주 잘 뛰면 큰 동그라미에, 조금 잘 뛰면 작은 동그라미에 표시하세요."	"○○는 한 발로 잘 못 뛰나요? 조금은 뛸 수 있나요? 잘 못 뛰면 큰 동그라미에, 조금은 뛸 수 있으면 작은 동그라미에 표시하세요."

○ 큰 동그라미 선택시　4점
○ 작은 동그라미 선택시　3점

○ 작은 동그라미 선택시　2점
○ 큰 동그라미 선택시　1점

문항 9

"이 어린이(왼편)는 어머니와 이야기를 나누지 않고 혼자 텔레비전을 보고 있고, 이 어린이(오른편)는 어머니와 이야기를 재미있게 하고 있네요. ○○와 비슷한 어린이는 이 둘 중 누구인가요?"

왼편을 선택한 경우	오른편을 선택한 경우
"○○는 어머니와 이야기를 잘 나누지 않나요? 아주 조금은 이야기를 나누나요? 어머니와 이야기를 잘 나누지 않으면 큰 동그라미에, 아주 조금은 나누면 작은 동그라미에 표시하세요."	"○○는 어머니와 이야기를 아주 많이 하나요? 조금 하나요? 어머니와 이야기를 많이 하면 큰 동그라미에, 이야기를 조금 하면 작은 동그라미에 표시하세요."

왼편을 선택한 경우
- ◯ 큰 동그라미 선택시　1점
- ◯ 작은 동그라미 선택시　2점

오른편을 선택한 경우
- ◯ 작은 동그라미 선택시　3점
- ◯ 큰 동그라미 선택시　4점

문항 10

"이 어린이(왼편)는 혼자서 장난감을 정리하고 있고, 이 어린이(오른편)는 장난감 정리를 하지 않고 있네요. ○○와 비슷한 어린이는 이 둘 중 누구인가요?"

왼편을 선택한 경우
"○○는 장난감 정리를 혼자서 아주 잘해요? 조금 잘해요? 아주 잘하면 큰 동그라미, 조금 잘하면 작은 동그라미에 표시하세요."
- ◯ 큰 동그라미 선택시　4점
- ◯ 작은 동그라미 선택시　3점

오른편을 선택한 경우
"○○는 장난감 정리를 혼자서 안 해요? 조금은 해요? 혼자서 안 하면 큰 동그라미에, 조금은 하면 작은 동그라미에 표시하세요."
- ◯ 작은 동그라미 선택시　2점
- ◯ 큰 동그라미 선택시　1점

"이 어린이(왼편)는 숫자를 잘 세고, 이 어린이(오른편)는 숫자를 잘 세지 못하네요. ○○와 비슷한 어린이는 이 둘 중 누구인가요?"

왼편을 선택한 경우	오른편을 선택한 경우
"○○는 수를 아주 잘 세나요? 조금 잘 세나요? 아주 잘 세면 큰 동그라미에, 조금 잘 세면 작은 동그라미에 표시하세요."	"○○는 수를 셀 수 없나요? 조금은 셀 수 있나요? 셀 수 없으면 큰 동그라미에, 조금은 셀 수 있으면 작은 동그라미에 표시하세요."

- ○ 큰 동그라미 선택시　4점
- ○ 작은 동그라미 선택시　3점

- ○ 작은 동그라미 선택시　2점
- ○ 큰 동그라미 선택시　1점

"이 어린이(오른편)에게는 친구들이 장난감을 나눠주고, 이 어린이(왼편)에게는 친구들이 장난감을 나눠주지 않고 있네요. ○○와 비슷한 어린이는 이 둘 중 누구인가요?"

왼편을 선택한 경우	오른편을 선택한 경우
"친구들이 ○○에게 장난감을 나누어 주지 않나요? 아주 조금은 나누어 주나요? 나누어 주지 않으면 큰 동그라미에, 아주 조금은 나누어 주면 작은 동그라미에 표시하세요."	"친구들이 ○○에게 장난감을 항상 나누어 주나요? 조금 적게 나누어 주나요? 항상 나누어 주면 큰 동그라미에, 조금 적게 나누어 주면 작은 동그라미에 표시하세요."

- ○ 큰 동그라미 선택시　1점
- ○ 작은 동그라미 선택시　2점

- ○ 작은 동그라미 선택시　3점
- ○ 큰 동그라미 선택시　4점

문항 13

"이 어린이(왼편)는 옷의 단추를 잘 끼우고, 이 어린이(오른편)는 옷의 단추를 잘 끼우지 못하네요. ○○와 비슷한 어린이는 이 둘 중 누구인가요?"

왼편을 선택한 경우	오른편을 선택한 경우
"○○는 항상 단추를 잘 끼우나요? 잘 끼우지 못할 때도 있나요? 항상 잘 끼우면 큰 동그라미에, 잘 끼우지 못할 때도 있으면 작은 동그라미에 표시하세요."	"○○는 단추를 혼자서 못 끼우나요? 조금은 끼울 수 있나요? 혼자서 못 끼우면 큰 동그라미에, 조금은 끼울 수 있으면 작은 동그라미에 표시하세요."
○ 큰 동그라미 선택시 4점 ○ 작은 동그라미 선택시 3점	○ 작은 동그라미 선택시 2점 ○ 큰 동그라미 선택시 1점

문항 14

"이 어린이(왼편)는 어머니와 함께 놀지 않고 혼자 놀고 있고, 이 어린이(오른편)는 어머니가 함께 놀아주고 있네요. ○○와 비슷한 어린이는 이 둘 중 누구인가요?"

왼편을 선택한 경우	오른편을 선택한 경우
"어머니가 ○○와 잘 놀아주지 않나요? 조금은 놀아주나요? 잘 놀아주지 않으면 큰 동그라미에, 조금은 놀아주면 작은 동그라미에 표시하세요."	"어머니가 ○○와 늘 함께 놀아주나요? 조금 잘 놀아주나요? 늘 함께 놀아주면 큰 동그라미에, 조금 잘 놀아주면 작은 동그라미에 표시하세요."
○ 큰 동그라미 선택시 1점 ○ 작은 동그라미 선택시 2점	○ 작은 동그라미 선택시 3점 ○ 큰 동그라미 선택시 4점

"이 어린이(왼편)는 자신이 최고라고 생각하고, 이 어린이(오른편)는 그렇게 생각하지 않네요. ○○와 비슷한 어린이는 이 둘 중 어느 누구인가요?"

왼편을 선택한 경우	오른편을 선택한 경우
"○○는 자신이 아주 좋고 최고라고 생각하나요? 조금 좋은가요? 아주 좋으면 큰 동그라미에, 조금 좋으면 작은 동그라미에 표시하세요."	"○○는 자신이 안 좋은가요? 가끔 좋은가요? 자신이 안 좋으면 큰 동그라미에, 가끔 좋으면 작은 동그라미에 표시하세요."
◯ 큰 동그라미 선택시　4점 ◯ 작은 동그라미 선택시　3점	◯ 작은 동그라미 선택시　2점 ◯ 큰 동그라미 선택시　1점

"이 어린이(왼편)는 글자를 잘 모르고, 이 어린이(오른편)는 글자를 잘 아네요. ○○와 비슷한 어린이는 이 둘 중 누구인가요?"

왼편을 선택한 경우	오른편을 선택한 경우
"○○는 글자를 하나도 모르나요? 조금은 아나요? 하나도 모르면 큰 동그라미에, 조금은 알면 작은 동그라미에 표시하세요."	"○○는 글자를 잘 아나요? 조금 잘 아나요? 잘 알면 큰 동그라미에 조금 잘 알면 작은 동그라미에 표시하세요."
◯ 큰 동그라미 선택시　1점 ◯ 작은 동그라미 선택시　2점	◯ 작은 동그라미 선택시　3점 ◯ 큰 동그라미 선택시　4점

"이 어린이(왼편)는 놀이터에서 함께 놀 친구가 많고, 이 어린이(오른편)는 놀이터에서 함께 놀 친구가 많이 없네요. ○○와 비슷한 어린이는 이 둘 중 누구인가요?"

왼편을 선택한 경우	오른편을 선택한 경우
"○○는 놀이터에서 함께 놀 친구가 아주 많나요? 조금 많나요? 아주 많으면 큰 동그라미에, 조금 많으면 작은 동그라미에 표시하세요."	"○○는 놀이터에서 함께 놀 친구가 없나요? 조금은 있나요? 없으면 큰 동그라미에, 조금은 있으면 작은 동그라미에 표시하세요."

○ 큰 동그라미 선택시　4점
○ 작은 동그라미 선택시　3점

○ 작은 동그라미 선택시　2점
○ 큰 동그라미 선택시　1점

"이 어린이(왼편)는 놀이터에서 오르기를 잘 못하는데, 이 어린이(오른편)는 놀이터에서 오르기를 아주 잘하네요. ○○와 비슷한 어린이는 이 둘 중 누구인가요?"

왼편을 선택한 경우	오른편을 선택한 경우
"○○는 오르기를 못하나요? 조금은 하나요? 못하면 큰 동그라미에, 조금은 하면 작은 동그라미에 표시하세요."	"○○는 오르기를 아주 잘하나요? 조금 잘하나요? 아주 잘하면 큰 동그라미에, 조금 잘하면 작은 동그라미에 표시하세요."

○ 큰 동그라미 선택시　1점
○ 작은 동그라미 선택시　2점

○ 작은 동그라미 선택시　3점
○ 큰 동그라미 선택시　4점

문항 19

"이 어린이(왼편)는 어머니가 예쁘다고 쓰다듬어 주고, 이 어린이(오른편)는 어머니가 쓰다듬어 주지 않네요. ○○와 비슷한 어린이는 이 둘 중 어느 어린이인가요?"

왼편을 선택한 경우	오른편을 선택한 경우
"○○에게는 어머니가 예쁘다고 많이 쓰다듬어 주나요? 조금 쓰다듬어 주나요? 많이 쓰다듬어 주면 큰 동그라미에, 조금 쓰다듬어 주면 작은 동그라미에 표시하세요."	"○○에게 어머니가 잘 쓰다듬어 주지 않나요? 가끔 쓰다듬어 주나요? 쓰다듬어 주지 않으면 큰 동그라미에, 가끔 쓰다듬어 주면 작은 동그라미에 표시하세요."
◯ 큰 동그라미 선택시　4점 ◯ 작은 동그라미 선택시　3점	◯ 작은 동그라미 선택시　2점 ◯ 큰 동그라미 선택시　1점

문항 20

"이 어린이(왼편)는 놀이하면서 아주 즐거워하고, 이 어린이(오른편)는 기분이 나쁜가 봐요. ○○와 비슷한 어린이는 이 둘 중 누구인가요?"

왼편을 선택한 경우	오른편을 선택한 경우
"○○는 무슨 놀이를 하든 기분이 아주 즐거운가요? 조금 즐거운가요? 아주 즐거우면 큰 동그라미에, 조금 즐거우면 작은 동그라미에 표시하세요."	"○○는 무슨 놀이를 해도 기분이 즐겁지 않은가요? 아주 조금은 즐거운가요? 즐겁지 않으면 큰 동그라미에, 아주 조금은 즐거우면 작은 동그라미에 표시하세요."
◯ 큰 동그라미 선택시　4점 ◯ 작은 동그라미 선택시　3점	◯ 작은 동그라미 선택시　2점 ◯ 큰 동그라미 선택시　1점

문항 21

"이 어린이(왼편)는 색깔의 이름을 잘 모르는데, 이 어린이(오른편)는 색깔의 이름을 잘 알아요. ○○와 비슷한 어린이는 이 둘 중 누구인가요?"

왼편을 선택한 경우	오른편을 선택한 경우
"○○는 색깔의 이름을 잘 모르나요? 조금은 아나요? 잘 모르면 큰 동그라미에, 조금은 알면 작은 동그라미에 표시하세요."	"○○는 색깔의 이름을 아주 잘 아나요? 조금 잘 아나요? 아주 잘 알면 큰 동그라미에, 조금 잘 알면 작은 동그라미에 표시하세요."
◯ 큰 동그라미 선택시　1점 ◯ 작은 동그라미 선택시　2점	◯ 작은 동그라미 선택시　3점 ◯ 큰 동그라미 선택시　4점

문항 22

"이 어린이(왼편) 옆에는 친구들이 서로 앉으려고 하고, 이 어린이(오른편) 옆에는 친구들이 앉지 않으려고 해요. ○○와 비슷한 어린이는 이 둘 중 누구인가요?"

왼편을 선택한 경우	오른편을 선택한 경우
"○○ 옆에 친구들이 서로 앉으려고 하나요? 가끔 앉으려고 하나요? 항상 서로 앉으려고 하면 큰 동그라미에, 가끔 앉으려고 하면 작은 동그라미에 표시하세요."	"○○ 옆에 친구들이 항상 앉지 않으려고 하나요? 가끔 앉지 않으려고 하나요? 항상 앉지 않으려고 하면 큰 동그라미에, 가끔 앉지 않으려고 하면 작은 동그라미에 표시하세요."
◯ 큰 동그라미 선택시　4점 ◯ 작은 동그라미 선택시　3점	◯ 작은 동그라미 선택시　2점 ◯ 큰 동그라미 선택시　1점

"이 어린이(왼편)는 달리기를 잘 못하고, 이 어린이(오른편)는 달리기를 아주 잘해요. ○○와 비슷한 어린이는 이 둘 중 누구인가요?"

왼편을 선택한 경우	오른편을 선택한 경우
"○○는 달리기를 아주 잘 못하나요? 조금 잘 못하나요? 아주 잘 못하면 큰 동그라미에, 조금 잘 못하면 작은 동그라미에 표시하세요."	"○○는 달리기를 아주 잘해요? 조금 잘해요? 아주 잘하면 큰 동그라미에, 조금 잘하면 작은 동그라미에 표시하세요."
◯ 큰 동그라미 선택시　1점 ◯ 작은 동그라미 선택시　2점	◯ 작은 동그라미 선택시　3점 ◯ 큰 동그라미 선택시　4점

"이 어린이(왼편)는 어머니가 맛있는 음식을 많이 만들어 주고, 이 어린이(오른편)는 어머니가 음식을 조금 만들어 주네요. ○○와 비슷한 어린이는 이 둘 중 어느 어린이인가요?"

왼편을 선택한 경우	오른편을 선택한 경우
"○○에게 어머니가 맛있는 음식을 아주 많이 만들어 주나요? 조금 많이 만들어 주나요? 아주 많이 만들어 주면 큰 동그라미에, 조금 많이 만들어 주면 작은 동그라미에 표시하세요."	"○○에게 어머니가 맛있는 음식을 만들어 주지 않나요? 조금은 만들어 주나요? 만들어 주지 않으면 큰 동그라미에, 조금은 만들어 주면 작은 동그라미에 표시하세요."
◯ 큰 동그라미 선택시　4점 ◯ 작은 동그라미 선택시　3점	◯ 작은 동그라미 선택시　2점 ◯ 큰 동그라미 선택시　1점

문항 25

"이 어린이(왼편)는 밝고 명랑하고 많이 웃고, 이 어린이(오른편)는 얼굴을 찡그리고 있네요. ○○와 비슷한 어린이는 이 둘 중 누구인가요?"

왼편을 선택한 경우	오른편을 선택한 경우
"○○는 밝은 얼굴로 많이 웃나요? 조금 웃나요? 많이 웃으면 큰 동그라미에, 조금 웃으면 작은 동그라미에 표시하세요."	"○○는 얼굴을 많이 찡그리나요? 조금 찡그리나요? 많이 찡그리면 큰 동그라미에, 조금 찡그리면 작은 동그라미에 표시하세요."
○ 큰 동그라미 선택시　4점 ○ 작은 동그라미 선택시　3점	○ 작은 동그라미 선택시　2점 ○ 큰 동그라미 선택시　　1점

문항 26

"이 어린이(왼편)는 블록으로 만들기를 잘 못하고, 이 어린이(오른편)는 블록으로 만들기를 아주 잘하네요. ○○와 비슷한 어린이는 이 둘 중 누구인가요?"

왼편을 선택한 경우	오른편을 선택한 경우
"○○는 만들기를 잘 못하나요? 조금 못하나요? 만들기를 잘 못하면 큰 동그라미에 표시하고, 조금 못하면 작은 동그라미에 표시하세요."	"○○는 만들기를 아주 잘하나요? 조금 잘하나요? 아주 잘하면 큰 동그라미에, 조금 잘하면 작은 동그라미에 표시하세요."
○ 큰 동그라미 선택시　1점 ○ 작은 동그라미 선택시　2점	○ 작은 동그라미 선택시　3점 ○ 큰 동그라미 선택시　　4점

241

"이 어린이(왼편)는 친구들과 싸우고 있고, 이 어린이(오른편)는 친구들과 사이좋게 놀고 있어요. ○○와 비슷한 어린이는 이 둘 중 누구인가요?"

왼편을 선택한 경우	오른편을 선택한 경우
"○○는 친구들과 많이 싸우나요? 조금 싸우나요? 많이 씨우면 큰 동그라미에, 조금 싸우면 작은 동그라미에 표시하세요."	"○○는 친구들과 사이좋게 아주 잘 지내나요? 조금 잘 지내나요? 아주 잘 지내면 큰 동그라미에, 조금 잘 지내면 작은 동그라미에 표시하세요."
○ 큰 동그라미 선택시　1점 ○ 작은 동그라미 선택시　2점	○ 작은 동그라미 선택시　3점 ○ 큰 동그라미 선택시　　4점

"이 어린이(왼편)는 가위로 오리기를 잘하고, 이 어린이(오른편)는 가위로 오리기를 잘하지 못하네요. ○○와 비슷한 어린이는 이 둘 중 누구인가요?"

왼편을 선택한 경우	오른편을 선택한 경우
"○○는 가위로 오리기를 아주 잘하나요? 조금 잘하나요? 아주 잘하면 큰 동그라미에, 조금 잘하면 작은 동그라미에 표시하세요."	"○○는 가위로 오리기를 잘 못하나요? 조금 못하나요? 오리기를 잘 못하면 큰 동그라미에, 조금 못하면 작은 동그라미에 표시하세요."
○ 큰 동그라미 선택시　　4점 ○ 작은 동그라미 선택시　3점	○ 작은 동그라미 선택시　2점 ○ 큰 동그라미 선택시　　1점

242

"이 어린이(왼편)는 어머니가 안아주고, 이 어린이(오른편)는 어머니가 안아주지 않고 있네요. ○○와 비슷한 어린이는 이 둘 중 누구인가요?"

왼편을 선택한 경우	오른편을 선택한 경우
"어머니는 ○○를 많이 안아주나요? 조금 안아주나요? 많이 안아주면 큰 동그라미에, 조금 안아주면 작은 동그라미에 표시하세요."	"어머니는 ○○를 잘 안아주지 않나요? 아주 가끔 안아주나요? 잘 안아주지 않으면 큰 동그라미에, 아주 가끔 안아주면 작은 동그라미에 표시하세요."
◯ 큰 동그라미 선택시　4점 ◯ 작은 동그라미 선택시　3점	◯ 작은 동그라미 선택시　2점 ◯ 큰 동그라미 선택시　1점

"이 어린이(왼편)는 '할 수 있어요, 하고 싶어요'라는 말을 많이 하고, 이 어린이(오른편)는 그런 말을 안 해요. ○○와 비슷한 어린이는 이 둘 중 누구인가요?"

왼편을 선택한 경우	오른편을 선택한 경우
"○○는 '할 수 있어요, 하고 싶어요'라는 말을 많이 하나요? 종종 하나요? 많이 하면 큰 동그라미에, 종종 하면 작은 동그라미에 표시하세요."	"○○는 '할 수 있어요, 하고 싶어요'라는 말을 안 하나요? 아주 가끔은 하나요? 그런 말을 안 하면 큰 동그라미에, 아주 가끔 하면 작은 동그라미에 표시하세요."
◯ 큰 동그라미 선택시　4점 ◯ 작은 동그라미 선택시　3점	◯ 작은 동그라미 선택시　2점 ◯ 큰 동그라미 선택시　1점

채점 방법

각 문항당 점수는 4점 척도이며, 아이가 선택한 동그라미에 해당하는 점수를 '유아 자존감 기록지'(특별부록 32쪽)에 옮겨 적는다. 총 30개의 문항은 인지적 능력, 또래 수용, 신체적 능력, 어머니 수용, 자기 수용 이렇게 다섯 영역으로 나누어진다. 하위 영역은 모두 6개 문항으로 이루어졌으며, 영역당 점수 분포는 6~24점이다. 총점의 범위는 30~120점이다.

결과 해석

점수가 높을수록 자존감이 높은 것이다.

'인지적 능력'은 자신의 지적 능력에 대한 지각, '또래 수용'은 자신의 인간적 가치가 친구들에게 인정되고 원만한 친구관계를 갖고 있는지를 나타낸다. '신체적 능력'은 자기 자신에 대한 이해와 건강 상태 등을 나타내며, '어머니 수용'은 가정에서 얼마나 즐겁게 생활하며 자신의 인간적 가치가 얼마나 인정되는지를 나타낸다. '자기 수용'은 자신에 대해 얼마나 긍정적으로 생각하는지를 보는 것이다.

유아의 자존감 발달은 자기 자신에게 의미 있는 사람에게 얼마만큼 관심과 존중을 받느냐에 따라 성패가 판가름난다. 하지만 무조건 '제일 최고'라고 치켜세우는 것은 유아가 자신의 능력을 객관적으로 바라보지 못하게 하여 이후 자신보다 뛰어난 사람을 만났을 때 자신의 능력에 실망하고 좌절하게 될 수 있다. 따라서 유아 스스로 자신의 능력을 객관적으로 바라볼 수 있고 더 노력할 수 있도록 격려해야 한다.

또한 성공 경험이 많을수록 자신을 유능한 존재라 생각하게 되고 자신감을 갖고 긍정적으로 자신을 바라보게 된다. 한 번 실패했다고 쉽게 포기하지 않고 스스로 그 상황을 이겨내도록 돕는다면 유아의 성공 경험과 성취감을 키우는 데 큰 도움이 될 것이다. 이때 유아에게 충분히 해결할 수 있는 과제를 주고 그것을 성공시켰을 때 격려하고 칭찬하는 과정으로 성취감을 갖게 할 수 있다. 점차 조금씩 어려운 과제를 제시하면서 노력한 만큼 더 큰 성취감을 느낄 수 있도록 해야 한다.

자기조절력 검사

(특별부록 33쪽)

검사 목적

유아의 자기조절력을 관찰하고 5단계로 측정하여 평가하는 도구다.

자기조절력은 외부 자극에 대해 자신을 조절하는 것으로 과제를 계획하고 수행하는 데 필요한 능력이며, 자신의 의도나 관심에 따라 어떤 행동을 선택할지 결정하도록 돕는 능력이다. 자기조절을 잘 못하는 유아는 대인관계에 있어 충동적이고 사회적 적응에 어려움을 겪기도 한다. 따라서 자기조절력은 사회생활의 필수 요소라 할 수 있다.

이 시기에는 정서적 반응을 조절하고 외부의 요구에 순응하며 행동을 통제할 수 있게 된다. 이와 같은 다양한 자기 통제를 기반으로 대인관계를 원활하게 만드는 법을 익히기 때문에 유아기의 자기조절력은 중요한 인지 능력이라고 할 수 있다.

검사 방법

아이에게 각 문항에 대해 설명해준다. 아이의 답변에 따라 전형 행동에 기초하여 가까운 단계를 선택하고 해당하는 곳에 ○표를 한다.

246

채점 방법

각 문항 내용이 대상자의 태도와 일치하는 정도에 따라 '항상 그렇다'는 5점, '약간 그렇다'는 4점, '그저 그렇다'는 3점, '거의 그렇지 않다'는 2점, '전혀 그렇지 않다'는 1점으로 채점한다. 점수의 범위는 33~165점이다.

자기조절력 검사 문항은 다시 자기통제력, 충동성 감소, 주의집중력 이렇게 세 영역으로 나누어진다. 자기통제력과 주의집중력 영역은 각각 10~50점, 충동성 감소 영역은 13~65점의 범위를 갖는다. 긍정적인 대답일수록 평점 점수가 높으므로 영역별 점수를 합산하여 자기조절력 점수를 구한다.

결과 해석

각 영역의 점수가 높을수록 자기통제력은 높고, 충동성은 낮으며, 주의집중력은 높다. 세 영역 점수의 총점이 높을수록 자기조절력이 높다.

하위 영역	내용
자기통제력 (1~10번 문항)	유아 스스로 결정하는 것처럼 보이지만 사실은 내면화된 사회적 기준에 맞춰 내재적 정서를 억제하며 순응하는 능력. 유아가 참고 기다리며 인내하는 외적 행동 통제 능력.
충동성 감소 (11~23번 문항)	목표를 향해 중간 과정과 판단의 과정을 거치지 않고 의식적으로 생각하지 않는 행동, 원시적 반응, 생각 없이 직선적으로 반응하는 마음의 작용을 감소시켜주는 능력.
주의집중력 (24~33번 문항)	외부에서의 여러 자극들을 분류하여 선별하는 작용. 여러 가지 중 어느 하나를 선택하고 다른 것을 억제하려는 작용과 과정.

분노조절력 검사

(특별부록 35쪽)

검사 목적

아동의 분노조절력을 관찰하고 5단계로 측정하여 평가하는 도구다.

분노조절력은 분노를 지배, 조절, 관리하는 능력으로 바람직한 분노 표현이란 지나친 억제나 표출 대신에 자신의 분노를 적절하게 조절하는 것을 말한다. 분노 표출은 화를 겉으로 드러내는 것으로 화난 표정을 짓거나 욕을 하거나 과격한 공격 행동을 보이는 것이다. 분노 억제는 화가 났지만 겉으로 드러내지 않고 오히려 말을 하지 않거나 문제를 피하고 상대방을 비판하는 행동이다. 분노 조절은 화가 난 상태를 인식, 자각하고 화를 진정시키기 위해 다양한 방법을 사용하는 것으로 감정에 휘둘리지 않고 상대방을 이해하고 노력하는 분노 표현 방식이다.

또래와 성공적인 관계를 맺는 아동은 자신의 정서를 언제, 어떻게 표현할지를 적절하게 선택할 수 있다. 정서를 잘 조절하는 기술은 또래 관계에도 영향을 주기 때문에 사회적 상호작용과 깊은 관계가 있다. 따라서 타인의 정서와 자신의 정서를 정확하게 인식하고 표현하고 조절하는 능력을 가진 아동은 또래에 더 많이 수용되어 원만한 관계를 맺는다.

248

분노 조절에 실패한 아동은 그렇지 않은 아동에 비해 공격적인 행동을 보이거나 또래에게 피해를 입히는 행동을 하기 쉽다. 또한 아동기에 해결되지 않은 분노는 우울을 야기하거나 공격적인 행동을 유발할 수 있기 때문에 정서적·행동적 측면에서 아동의 분노를 잘 조절해주어야 한다. 특히 분노 조절에 어려움을 겪는 아동은 불안이 높고 낮은 자존감을 지닌다는 점을 잊어서는 안 된다.

검사 방법

아동의 전형적 행동에 기초하여 가까운 단계를 선택하여 ○표를 한다.

채점 방법

각 문항 내용이 대상자의 태도와 일치하는 정도에 따라 '항상 그렇다'는 5점, '약간 그렇다'는 4점, '그저 그렇다'는 3점, '거의 그렇지 않다'는 2점, '전혀 그렇지 않다'는 1점으로 채점한다.

결과 해석

점수가 높을수록 분노조절력이 뛰어나다.

분노조절력이 낮은 아동의 경우 자신의 감정을 알아차리는 것부터 시작하여 자신의 화가 나는 상황에 대한 이해가 선행되어야 한다. 따라서 그 상황에 대한 감정 대처 방법과 그 결과에 대해 인지하고 분노를 조절하는 순으로 진행하게 된다. 이때 분노를 조절하는 방법은 아동의 성향이나 행동에 맞게 진행한다. 천천히 호흡한다거나 안전한 방법으로

화를 표출하는 방법 등을 찾는다. 이후 타인과 자신의 감정을 함께 인식할 수 있도록 역할 놀이를 한다거나 대화법을 익히면 도움이 된다.

김선현 교수의 그림으로 아이 심리 읽기

엄마는 아이의 마음주치의

초판 1쇄 2015년 4월 10일

지은이 | 김선현

발행인 | 노재현
편집장 | 서금선
책임편집 | 주은선
디자인 | 권오경 김아름
조판 | 김미연
일러스트 | 유진희
마케팅 | 김동현 김용호 이진규
제작지원 | 김훈일

펴낸 곳 | 중앙북스(주)
등록 | 2007년 2월 13일 제2-4561호
주소 | (135-010) 서울특별시 강남구 도산대로 156

구입문의 | 1588-0950
홈페이지 | www.joongangbooks.co.kr
페이스북 | www.facebook.com/hellojbooks

ISBN 978-89-278-0622-6 03590